U0169249

小狗钱钱

2

[德] 博多·舍费尔 / 著

王一帆 张皓莹 任斌 / 译

中信出版集团 | 北京

图书在版编目（CIP）数据

小狗钱钱2 /（德）博多·舍费尔著；王一帆，张皓
莹，任斌译 . -- 北京：中信出版社，2022.1（2024 .10重印）
　ISBN 978-7-5217-3441-6

　Ⅰ.①小… Ⅱ.①博…②王…③张…④任… Ⅲ.
①财务管理—少儿读物 Ⅳ.① TS976.15-49

中国版本图书馆 CIP 数据核字（2021）第 156591 号

小狗钱钱2

著　　者：[德]博多·舍费尔
译　　者：王一帆　张皓莹　任斌
出版发行：中信出版集团股份有限公司
　　　　　（北京市朝阳区东三环北路 27 号嘉铭中心　邮编　100020）
承 印 者：嘉业印刷（天津）有限公司

开　　本：880mm×1230mm　1/32　　印　　张：7.5　　字　　数：150千字
版　　次：2022年1月第1版　　　　　　印　　次：2024年10月第17次印刷
京权图字：01-2022-0767
书　　号：ISBN 978-7-5217-3441-6
定　　价：39.80元

出　　品：中信儿童书店
图书策划：如果童书
策划编辑：安虹　　　　　责任编辑：谢媛媛　　　营销编辑：张远　邝青青　张超
封面设计：姜婷　　　　　内文排版：佳佳

目　录

第一章
奖学金

"马上起床！"吉娅听见妈妈的声音从远处传来。

"我还想再睡一会儿呢。"吉娅一边嘟囔着，一边把头深深地埋进被窝。她很喜欢赖床，这样就能一直沉浸在美梦中了。

但妈妈一把把被子掀开了。"得马上起来了！"妈妈的声音似乎不容半点反抗。

吉娅眯着眼睛看了看床边的高飞狗闹钟。"可现在才七点半啊，"她用力把被子拉回来盖在身上，抗议道，"我还在放假呢！"

"半个小时后我们就得出发，十点钟你人就得出现在美国领事馆！"妈妈说着，又一次把吉娅的被子掀开。

吉娅突然想起来了：对啊，美国领事馆！今天将决定我能不能获得为期六周的加利福尼亚州暑期学校奖学金。想到这里，她一下子清醒了，飞快跳下床，洗漱，穿衣。今天也许是她梦想成真的日子呢……

　　可当吉娅来到饭厅，好心情顿时烟消云散，因为那里坐着的是——埃尔娜姑姑。每次姑姑一来，糟心事儿也就来了。吉娅可以确定，姑姑非常讨厌自己。吉娅狼吞虎咽地吃着早餐时，发现爸爸妈妈早已经打扮得光鲜亮丽了。而姑姑凶巴巴地瞪着她，说："你这身打扮真没品位。"

　　吉娅吓了一跳，低头看了看自己。她穿着自己最喜欢的牛仔裤，配了件运动衫。她觉得自己看起来挺酷的。爸爸妈妈却赞同姑姑的意见，坚持要她换一身衣服。吉娅不情愿地小声抱怨着，换上了妈妈选好的裙子，暗中祈祷姑姑出门就踩狗屎……

　　大家都很紧张，也很激动。一年前，吉娅写下了自己的两个愿望：买一台笔记本电脑，来一次美国之旅。自那以后，发生了很多事，她学会了如何赚钱，也懂得了如何合理分配钱。起初，她以为单靠自己永远也攒不够去旅行的钱，但后来，她从小狗钱钱那里学到了赚钱的法子。

　　钱钱是一只白色的拉布拉多犬，会说话，但是"说话"

这个秘密吉娅不能透露给任何人。吉娅爱抚着钱钱的脑袋。像往常一样，钱钱耐心地坐在她的椅子边，等着她喂香肠吃。一直以来，吉娅只能偷偷喂钱钱香肠，因为爸爸妈妈不喜欢她这样做。没想到这次被姑姑看到了，姑姑立刻向吉娅的爸爸告状说："只要你女儿还继续背着你，把好好的香肠喂给那个畜生，这个家里就永远不会有纪律和秩序。"

"才不是'畜生'呢！它是一只狗，是全世界最好的狗！它的名字叫钱钱。"吉娅纠正道。在很多事情上，吉娅都要感谢钱钱。正是通过钱钱，吉娅才学到了很多知识，结识了很厉害的人物。比如大富豪金先生，他曾多次指点吉娅如何理财；还有特伦夫太太，这位老妇人与吉娅、吉娅的小伙伴莫妮卡和吉娅的堂哥马塞尔一起创办了一家投资俱乐部。

吉娅已经攒够了钱，买了一台笔记本电脑，实现了两个愿望中的一个。而现在，她有机会获得美国政府的资助，飞往加利福尼亚……

这时姑姑发出了刺耳的高音，打断了吉娅的思绪。"瓦尔特，我可得说说了，"她抱怨道，"你女儿太不尊敬长辈了。"

吉娅这样回应姑姑：她对着钱钱耳语了几句她对姑姑的看法。钱钱大叫了三声，好像在说：同意！同意！同意！

吉娅觉得，姑姑就是姑姑，不应该像父母似的管这管那。这时爸爸却非常严肃地对她说："你对姑姑尊重点儿。姑姑答应和我们一同去美国领事馆了。她可是有旅美经验的。"

吉娅一听，脸色都变了——这恐怕只会带来麻烦！但凡有姑姑在，总会有烦心事发生。再说，姑姑哪有什么旅美经验啊？她只是很多年前在纽约待过几天，可这不代表她现在还很了解美国人呀？吉娅真希望姑姑能留在家里。但事已至此，即便不情愿，吉娅也不得不屈服。

吉娅三口两口吃完饭，跟着爸爸妈妈和姑姑一起驱车前往领事馆。钱钱不得不留在家里，因为姑姑占了原本属于它的座位。到了领事馆，他们按要求坐在一个宽大的沙发上等候。

吉娅偷偷四处张望。她之前就听说，很多美国人都非常胖。而在这里看到的一个女人，胖得超出了她的想象。这女人扭动着肥胖的身躯进了房间，转到一个墙壁置物架后就不见了。她真是胖得出奇，论体重简直一个顶三个。还有她的鼻子，活脱脱就是个猪鼻子。吉娅小声对妈妈说：

"你看到那位胖胖的'猪小姐'了吗?"

"吉娅,你怎么能说这种话?真没礼貌!"妈妈压低声音说。

姑姑激动地咳嗽了一声。每当她觉得别人的行为没教养时,就会这样。她几乎对所有事情都要指指点点,所以她总是在咳嗽。吉娅并没有理会她。

"她也太胖了吧,坐下来至少得占两把椅子,还有那鼻子……"吉娅低声窃笑。

突然,一个带有美国口音的声音从她背后响起:"一张椅子就足够了。你现在可以进来见领事了,吉娅·克劳斯米勒。"

吉娅和妈妈吓了一跳,转过头来。万万没想到,刚刚被吉娅称为"猪小姐"的胖女人就站在她俩身后!但愿她没有听到吉娅叫她"猪小姐"……"我叫史蒂文斯,可不是什么'猪小姐'……"胖女人继续说道。

她听见了!吉娅满脸通红,尴尬得要命,她结结巴巴地说:"我不……不……不是那个意思。只是这么肥……肥……肥的人……我是说胖……我……我……我的意思是……像您这样的人……我还从来没见过。"

这番话并没有得到史蒂文斯女士的谅解。她生硬地用手指了指领事的房间，吉娅赶紧走了过去，爸爸跟在后面，而姑姑则一直咳个没完。妈妈站起来，真诚地向史蒂文斯女士道歉。可吉娅用余光瞥见，那女人只是又比画了一下她刚才粗暴的手势，这让吉娅有种不祥的预感……

几声友好的问候把吉娅迎进了房间。在领事和另外五位男士前面孤零零地放着一把椅子，吉娅只好在椅子上坐下来。领事旁边还空着一个位子，而坐到那儿的是——那个胖女人。

如果说吉娅之前只是很紧张，那么她现在真的感觉糟透了。领事开口说："吉娅，我们考虑过颁给你奖学金，因为我们从多方了解到，你很了不起。听说你到一所学校里为孩子们做了场精彩的演讲，而且你还很擅长理财。"

他停顿了一下。吉娅这时感觉好了一点，要是姑姑能别再咳嗽就更好了。领事接着说："但我们做出最终决定之前，还需要你提交一篇作文。"

"什么作文？"吉娅大吃一惊。

"我们三周前给你寄了一封信，要求你最迟在这次会面的三天前寄回一篇作文，题目是《为什么我想在加利福尼亚度过六周时间》。"

这时，吉娅看到胖女人把身子往后一缩，脸红了。很可能是她忘记把信寄出去了。

吉娅立刻说："但我根本没收到信。这篇作文，我压根儿就不知道。"

随即，胖女人声音刺耳地说："可能这位小姐并没有认真对待这件事儿。看，现在她还在想着撒谎。我记得很清楚，那封信我已经寄出去了——几周前就寄了。"

吉娅气得满脸通红。她从不撒谎！这个"猪小姐"怎么能这样……

领事看到吉娅脸红了，还以为她很羞愧，便说："那篇作文我们必须要看到。不能破例。"

"但我们需要换个题目，"胖女人赶忙说，"换个能真正证明这位年轻女士值得我们提供奖学金的题目。我建议，让她以《一枚古币的两面》为题写一篇作文。"她一边说，一边恶狠狠地盯着吉娅。

领事并不太认同这个建议："这个题目可是为年龄大得多的学生准备的。"

"是的，不过这位女士并没把我们当回事儿，还撒了谎，"胖女人回应道，"这就算是给她的一个教训。如果她真像大家说的那样聪明，这个题目肯定也难不倒她。"

吉娅气坏了。她可怜巴巴地看向爸爸妈妈，但他们只是耸了耸肩。这时，姑姑觉得自己该说点什么了："吉娅是个非常聪明的女孩。可惜呀，她时不时就会撒个谎。这对她来说，将是个难忘的教训。"

吉娅实在无法理解姑姑为什么会这么说。她更气愤了。更让她不舒服的是，爸爸妈妈当然清楚自己从不撒谎，他们为什么不帮帮她说句话？吉娅努力控制住情绪，问领事："你们说的'古币的两面'是什么意思？"

领事热情地答道："古代的钱币有正反两个面。"

吉娅打断了他的话："可现在的硬币也有……"

领事目光炯炯地看着她说："你是个聪明的孩子，想必写出这篇作文没什么难的，也没必要向你多作解释。"

吉娅真想咬掉自己的舌头。刚才她怎么就不能闭上嘴呢！胖女人一脸坏笑，而姑姑又咳嗽了起来。吉娅心里很清楚，姑姑正在嘲笑自己呢。

好在领事还是解释了几句："好吧，古代的钱币有正反两面。"吉娅闭紧嘴巴，不敢乱吭声了。"一面是皇帝，象征世俗权力，另一面是上帝。你得在作文里写一写为什么这些钱币印有这样的象征图案，而我们今天又能从中学到些什么。"

吉娅结结巴巴地说："可是，我怎么知道……"

"那就抱歉了，"胖女人用刺耳的声音说，"因为那样的话，奖学金就归别人了。"说完她就哈哈大笑起来，全身的肥肉都跟着颤动起来。这时，吉娅清晰地听到从背后还传来了姑姑的大笑声。

领事主意已定，改不了了。吉娅回到车里时，依然愤愤不平。

"你们刚才怎么都不帮我?"她问道。妈妈毫不客气地说："因为这样的困难是你自己造成的，你得学会靠自己的努力摆脱困境。"

"可那个胖子明明没说实话!"吉娅抗议说。

"谁知道呢，也可能是你太自以为是了。"爸爸咕哝道。

吉娅气得口不择言地大喊："让他们把那个该死的奖学金留着自己花吧!我的梦想储蓄罐里已经存够了钱，我可以花自己的钱去旅行!"

"不可以!"妈妈立刻吼道。

"我偏要!"吉娅愤愤地大喊。

爸爸开口了："你不能这样和妈妈讲话。她说得很对，你最近越来越喜欢抢话说了，给你点儿教训对你没坏处。要么你写这篇作文，而且要好好写，拿到奖学金;要么你就别去美国了。"

姑姑尖声附和道："没错。我们如果能得到这么个机会，肯定感激得不得了。可你除了挖苦好人，就没干什么好事儿。"

吉娅顶撞道："怎么你老多管闲事啊？"

姑姑生气地咳了起来。爸爸命令道："马上跟姑姑道歉！她都是为了你好。"

"她讨厌我！"吉娅嚷道，"我真是受不了她了！"

"够了！"爸爸生气地喊道，"看来不教训你一下不行了。就罚你在家关禁闭。写完作文之前，不许离开自己的房间。"

"不行！我还有工作，还得好好照顾那些狗呢。"吉娅答道，她没想到爸爸会这样说。

"这跟工作无关，就是为了让你重新学学怎么和长辈讲话！我现在不想再听你狡辩了，就这样决定了！"爸爸说话的语气里带着不容辩驳的意味。

姑姑在一边看着，连连夸赞这是"明智之举"。吉娅呢，恨不得朝座位踢上一脚！

愤怒的泪水夺眶而出，吉娅真想大喊几声发泄一下！

但她又一想，现在最好还是控制好情绪，她以后会证明给他们看的！她只是不知道，如何才能证明自己……

一到家，吉娅直接带着钱钱回了房间。姑姑还坚持要吉娅爸爸锁上房间门。吉娅一下子扑倒在床上，哭了好一会儿。她真不知道该怎么办了，这篇作文靠她自己是写不出来的，看起来没什么希望了，可她还得工作呢，总不能放下工作不管哪。这简直太令人绝望了。

突然间，她灵光一闪——也许可以向朋友求助。

她给堂哥马塞尔写了一封求救信：

> 马塞尔：
>
> 　　我需要紧急救援。
>
> 　　我被锁在房间里了。
>
> 　　请你也转告莫妮卡。
>
> 　　回头我会跟你们解释清楚的。
>
> 　　　　　　　　　　　　吉娅

然后，她满是期待地看着钱钱，低声说："你能把这封信交给马塞尔吗？"

这只聪明的拉布拉多犬立刻明白了主人的意思，摇着尾巴表示没问题。吉娅小心翼翼地把纸条固定在它的项圈上，悄悄打开了窗户。钱钱爬上窗台，一跃跳上了车库的

11

顶棚，消失在吉娅的视线里……

过了好一会儿，吉娅听到有小石块扔进了自己的房间里，她连忙向窗外望去，发现马塞尔和莫妮卡就站在楼下。他们搬来了梯子，小心翼翼地爬进了吉娅的房间。

小伙伴们高兴地相互问候。吉娅真庆幸能有他们这么好的朋友，然后，她快速向他们说明了原委。

吉娅告诉他们，自己明天不但得去工作，还想去拜访金先生，向他请教作文的事儿。于是，他们仨"紧急磋商"了一番。

马塞尔想到一个点子，说："明天我待在你房间里，你爬梯子溜出去，怎么样？"

莫妮卡反对说："你的声音可一点儿也不像女孩。最好还是我来假装吉娅。"

马塞尔惊讶地看着她："你敢吗，就你这个洋娃娃脑袋？"

莫妮卡觉得自己受到了冒犯，反驳道："你这个瘦竹竿！我现在不是来了吗？！"

吉娅低声说："你们别吵了。"然后，她小声对莫妮卡说："你也知道，这很危险！我出去一趟得大半天呢。"

"没问题，"莫妮卡说，"反正明天我要读一整天的书，在这儿读也行。有人敲门的话，我就含含糊糊地回一下。如果有人进来送饭，我就赶紧爬上床，用被子蒙住脑袋，这样大家都会以为你还在赌气呢。"

实在想不出更好的法子，事情就这么定了下来。马塞尔补充说："我再找爸爸借一枚古币，他收藏了好大一堆呢。你见到古币，也许能找到一些写作文的灵感。"

小伙伴们和吉娅告别后，悄悄爬出窗户，顺着梯子爬了下去。夜里，吉娅做梦了，梦到了许多奇奇怪怪的东西：甜甜圈、放大镜，还有一起飞机绑架事件……但所有的一切都模模糊糊的。

第二章

白色石头

第二天早上，莫妮卡按照约定，偷偷爬进了吉娅的房间。两人小声打过招呼后，吉娅就蹑手蹑脚地爬了出去。钱钱像昨天那样，从窗台跳到车库的顶棚，又跳到了草坪上。吉娅心里只有一个念头：千万别有人发现莫妮卡。

吉娅要做的第一件事，就是赶紧去找金先生。以前她每个周六都会去找他。金先生在证券交易中赚了好多好多钱，现在，他只给几个大客户提供理财咨询。他的家是一栋大别墅，坐落在一座风景优美的花园中央。像往常一样，一个身着整洁制服的女佣为吉娅开了门，金先生已经在等着她了。吉娅每次看到他那和蔼可亲的面庞，总是特别高兴。

"嗨，我的小金钱魔法师，最近可好啊？"金先生亲切地问道。他抱起钱钱，爱抚个不停——金先生和钱钱的关系一直很好，因为他曾经是钱钱的主人。然后金先生转向吉娅，细细打量她一番后说："你看上去好像碰到了大麻烦。"

吉娅马上向他交代了事情的来龙去脉。为了保险起见，她没有提自己被关禁闭了。讲到最后，她总结道："这一切都是因为那个'猪小姐'，那个讨厌的肥婆，还有我的姑姑。对了，我爸爸妈妈也没好到哪儿去——他们甚至都不相信我。"吉娅说着，泪水又在眼眶里打转儿。她讨厌受到不公平的对待。

可金先生的反应却出乎吉娅的意料。他不但没表现出丁点儿的同情，反而很严肃地盯着吉娅的眼睛说："我们先来看看积极的一面……"

"这事儿就没有积极的一面！"吉娅立即回应。

"如果你还有什么话想说，我愿意等你说完。"金先生答道，没有显露出任何生气的神色。

"很抱歉，"吉娅马上说，"我最近说话总是冒冒失失的，请您继续……"

金先生笑了。吉娅一下子感觉好多了，因为他的笑容

16

是那么亲切。她立刻明白过来，金先生都是为了她好。金先生继续说："过去的几个月里，你已经学到了很多很多，但这并不意味着你在所有方面都是完美的。实际上，现在这件事有积极的一面：这正是你学习其他一些重要东西的机会！我一下想到了三件事。首先，你应该更加克制、谦虚——特别是对你的长辈，抢话说是不对的。"

吉娅注意到，金先生总是那么谦逊有礼。她点头表示同意。

但她一转念想起了姑姑和领事馆的那个胖女人，就问："对那些明明待我很刻薄的人，也要这样吗？"

"一般来说是的。虽然没有人要求你虚情假意地应付他们，但你应该始终保持礼貌。不友好的态度永远是缺乏教养和内心软弱的表现，而且显得很愚蠢。"金先生回答道。

"愚蠢？"吉娅问。

"对，愚蠢！"金先生解释说，"反之，尊重他人和礼貌待人会让你不断前行。如果有人不喜欢你，那么你不友好的行为就成了他们伤害你的理由，你没必要这样自讨苦吃。而且，即便有些人原来不喜欢你，你也可以用礼貌重新赢得他们的好感。"

吉娅点头赞同。

"第二，你不要陷入'公平陷阱'。生活里并非所有的事情都是公平的，极其不公平的情况也不少见。但这并不意味着你可以放弃。你成功与否，不该取决于别人是否对你公平以待。"

吉娅想了一会儿，说："但受到这样不公平的对待，真是太可怕了。"

金先生同意她的观点："是这样的。我也讨厌不公平，我也尽量使自己始终保持公正。但我没办法永远阻止别人不公正地对待我。在你目前这种情况下，你不应该立即恼羞成怒，然后选择放弃。当然，有个特别好的借口已经在等着你了，比如你可以说：'这事儿我做不成了，因为他们对我太不公平了。'但这又有什么用呢？归根结底，你还是没能实现自己的目标啊。"

"好吧，"吉娅回答说，"我会证明给讨厌的姑姑和'猪小姐'看的。"

"这就要说到第三点了，"金先生和蔼地微笑着说，"永远不要说别人的坏话。"

"因为可能会被听到吗？"

金先生大笑。"是啊，这让你在领事馆吃了点苦头。但我说的还不是这个问题。我认为，说别人的坏话从根本上来说就是不好的。"

吉娅感到很不理解："但这真的让人很开心啊。说点儿别人的坏话还是挺有意思的。"

金先生不以为然："你以取笑别人为乐，这可不好。这样的话，你就会把注意力集中在别人的缺点和瑕疵上，而不是好的闪光的方面。如果你期待着美好的事物，那么这个世界对你而言就会变得美好得多。如果你老说别人的坏话，慢慢地，你身边的每个人都会对你产生不好的印象。因为他们会认为，既然你能在背后说别人的坏话，那么你也能在背后说他们的坏话。"

"啊？"吉娅疑惑了。

金先生继续说道："你得当心，不要落下一个在别人背后说坏话的名声。"

"但我只说我不喜欢的人的坏话。"吉娅反驳道。

"真的是这样吗？"金先生反问。吉娅想了一会儿，猛然想起，莫妮卡抱怨过好几次自己拿她开玩笑。看来自己的性格里确实有让人非常不舒服的一面。金先生好像看透了她的心思，说："无论如何，你都没必要说别人坏话。"

吉娅思考了一番后说："我下定决心了。我是说，我下定决心要做三件事：第一，更加尊重我的父母；第二，即使受到不公平的对待，我也不会选择放弃；第三，只说别人的好话。"她又想了一会儿，问："如果我想不出什么好话来，怎么办呢？"

金先生笑了："那就最好什么都别说。"

吉娅记下了她得到的这三个教训。她已经开始写心得笔记了。她把所有自己学到的重要东西，都记录在里面。

突然，吉娅想起自己的作文还没有着落呢，便向金先生请教，但她并没有获得期待中的帮助。金先生只是说："硬币上印有上帝的一面是在告诉你，在这个世界上并不是只有你一个人，你也对其他人负有责任。这点与你今天学到的三件事也有关系。再多的话我就不说了。我认为你应该自己去寻找解决的办法。"

吉娅有些失望。这还是金先生第一次没有帮助她。但她相信金先生，便决定认真研究这篇作文的题目，来揭开谜底。她知道金先生这么做自有他的道理。

可吉娅还是想不出该在作文里写些什么。"硬币的两面……"她一边想一边摇头，"谁知道这有什么可写的呀？"

但她现在已经没时间苦思冥想了。莫妮卡还待在她的房间里，随时都有可能被发现，但愿还没出什么岔子。而吉娅接下来还有工作要抓紧完成呢。今天是周六，是她收账的日子。

　　吉娅帮很多人遛狗，每月能挣到 30 欧元。她很喜欢这个工作，因为她打心眼儿里喜欢狗。尽管她已经做了一年多，但有时还是想不明白，自己怎么就能碰上这样的好事儿：做着自己喜欢的工作，还能得到报酬。不过，金先生已经跟她解释过了，他总是说："正因为你很喜欢狗，我才确信你会一直好好照顾它。正因为你真心付出了，你的工作才这么有价值。"这话说得对极了。

　　吉娅先去了她最喜欢的哈伦坎普先生家。她刚走到门口，拿破仑就高兴地汪汪大叫。它一听出吉娅的声音，就会兴奋地叫个不停。拿破仑是哈伦坎普先生家的一只大狗，是牧羊犬、罗威纳犬和别的什么犬的杂交品种。

　　哈伦坎普夫妇热情地向吉娅问好。哈伦坎普先生已经上了年纪，长得很像狼人。一开始，吉娅还很怕他，但现在他们已经成了朋友。哈伦坎普先生有过很传奇的生活经历，这些经历在他身上留下了印记。但传奇归传奇，吉娅还是觉得他应该剃掉那乱糟糟的络腮胡子，胡子都快长到嘴里了，而且他的牙也很黄……

　　哈伦坎普太太走进厨房，为吉娅冲了杯她最喜欢的热巧克力。不一会儿，新鲜出炉的甜甜圈端了上来，香气四溢，馋得吉娅直流口水。三个人大快朵颐后，哈伦坎普先生温柔地抚摸着妻子的手说："亲爱的，你的手艺越来越好了。除了你，没有人能做出这么好吃的甜甜圈。"吉娅完全赞同他的话。

吉娅很快又拿起一个甜甜圈吃起来，这时她忽然冒出一个想法：可以向眼前这两位请教一下那篇作文该怎么写。于是她讲了在美国领事馆里发生的故事。

哈伦坎普太太想了想，又看了看剩下的唯一一个甜甜圈，问吉娅："你知道为什么我这么喜欢甜甜圈吗？"

"是因为好吃吗？"吉娅猜道。

哈伦坎普太太笑了笑："不，不完全是这样。甜甜圈对我来说是一个很重要的象征。"

吉娅扑哧笑了出来："那么我刚刚吃掉了三个重要的象征。"她的话把大家都逗笑了。

哈伦坎普太太接着解释说："如果一个人能像甜甜圈一样，那么他一定很幸福。"

"像甜甜圈一样？"吉娅迷惑不解，"我有点听不懂。"

"等我给你解释呀！"哈伦坎普太太说，"你已经学会了如何理财。你懂得如何赚钱，如何合理分配钱。你会为实现目标而不断攒钱，会存起来一部分钱从来都不花，这样有一天你就可以靠利息过日子。所有这些都很重要，我为你感到骄傲。"

吉娅脸红了。只听哈伦坎普太太继续说道："金钱在生活中的确很重要，但它远远不是生活的全部。金钱和所有我们能买到的东西，对我来说都像是甜甜圈的那个圈。"

吉娅想了想，说："可甜甜圈不就是一个圈吗？"

哈伦坎普太太笑着答道："这话只对了一半。我们确实只能看见一个圈。但甜甜圈其实还有别的东西……"

吉娅不解："嗯……还能有什么呢？"

哈伦坎普太太解释说："甜甜圈是由一个圈和中间的孔组成的。"

吉娅反驳道："但这个圆孔里什么也没有，就只是个孔而已。"

哈伦坎普太太耐心地说："圆孔里确实是空的。可一旦你掉进孔里，就会感受到孔的存在。"哈伦坎普先生听到这里，也赞成地点点头。他脸上露出了自豪的笑容，但看上去就像戴了一副凶巴巴的狼人面具……

吉娅突然想起些什么，说道："是啊，林子里就有个孔洞，我有次踩了进去，还扭伤了脚。所以，有些东西虽说看不见，却是实际存在的。"

"就像风、空气，还有甜甜圈上的孔。"哈伦坎普太太附和道。

吉娅若有所思，问道："如果甜甜圈的圈代表金钱和我能买到的一切，那么它中间的圆孔又代表什么呢？"

"这个问题问得好。"哈伦坎普太太说，"圆孔代表着一个人的内在，这是我们所看不到的。很多人不关心自己的内在，就是因为它是看不见的。他们在乎的，只有看得见的成功。但如果你想获得幸福，就不仅要关注物质上的成功，还要重视内在修养，培养自己优秀的内在。"

"什么是优秀的内在呢？"吉娅很想知道。

哈伦坎普太太回答说："那恰恰是金钱买不到的东西。没有了优秀的内在，你就不可能幸福。所谓'内在'，就是你的品格。优秀的品格包括谦逊、感恩、尊敬老人、同情弱者等等。前提是，你要认识到，自己不是独自生活在世界上，还要给别人带来快乐，去帮助别人。你要让别人的世界因为你的努力而变得更美好。"

"哇，"吉娅惊呼，"您通过一个甜甜圈就看到了这么多道理啊！"

哈伦坎普先生也加入了谈话："没有中间的孔，甜甜圈就不是甜甜圈了。没有优秀的品格，人就如同行尸走肉。

一个一心只想着钱的人是永远不会幸福的。"

吉娅不确定自己能否真正明白这全部的道理。就在刚才，她还为自己掌握了那么多理财知识而感到骄傲呢，而现在，这些知识对她而言似乎变得没那么重要了。她问："如果锤炼自己的品格就能让人幸福，那我为什么还要学习理财呢？"

哈伦坎普先生笑着反问："如果把甜甜圈的圈拿走了，你还剩下什么？"

吉娅答道："那就只剩下圆孔了。"

"不对，"她马上改口道，"没有了那个圈，也就不会有什么孔了，也就是说，不会再有内在了。"

哈伦坎普太太高兴地看着吉娅："你总结得真好。祝贺你，你已经完全理解这个道理了。没有了圈，也就没有了孔。对我们而言，这就意味着：我们不能忽视那个圈，否则内在也很难显露出来。一个完满而幸福的人都是两者兼备的。"

吉娅一边思考，一边把热巧克力一饮而尽。她还不太确定甜甜圈和她要写的作文到底有什么关系。但当她再次开口询问时，得到的回答却是："你得自己去寻找答案，这可是你的作文。"

吉娅待了一会儿，就动身去特伦夫太太家了，一路上还在想着这个问题。她已经大概理解两位老人的意思了，但她不明白这和硬币的两面到底有什么关系。难道说，硬币的一面代表金钱和一切我们可以买到的东西，而另一面则代表甜甜圈中间的圆孔？

她想：关于这一点，我还有好多东西没搞懂呢。谁能告诉我，到底什么叫"一个东西只有在其周围有东西存在时，才能真正地存在"？她想得太入神了，不知不觉就来到了特伦夫太太的"女巫小屋"前。近来，吉娅每天也在帮特伦夫太太遛狗，就是那只高大的德国牧羊犬，叫比安卡。

这几个月里，吉娅和特伦夫太太、比安卡都混熟了。特别是在那次吉娅、马塞尔和莫妮卡冒着危险，赶走了想偷老太太家地下室里财宝的窃贼后，他们的关系就更加亲密了。作为回报，特伦夫太太教会了他们三人如何投资。

特伦夫太太和他们一起成立了一个名叫"金钱魔法师"的投资俱乐部，每位会员每月缴纳 50 欧元作为会费，然后共同决定如何利用这笔钱进行投资。到现在，他们的总资产已经翻了不少倍了。

吉娅决定向特伦夫太太请教甜甜圈的含义。特伦夫太太热情地招呼吉娅。她的房子里总是乱七八糟的，看起来真像一个女巫小屋。屋里到处堆满了财经类报纸，股票走势图挂得满墙都是。

拿到酬劳后，吉娅先是告诉特伦夫太太自己要完成一篇作文，又把哈伦坎普夫妇举的那个甜甜圈例子讲了一遍。她尽可能绘声绘色地还原全部对话。

特伦夫太太意味深长地笑着说："关于这个问题，我几个星期前就想和你说说，但总叫一些事儿给耽搁了。我只能告诉你，哈伦坎普夫妇所说的甜甜圈中间的孔是我们人生中最重要的东西，它代表了一个人的品格。但你还应该去了解另外一个东西：白色石头。在《圣经·启示录》的第2章第17节中有相关的内容。"

说着，特伦夫太太飞速爬上了书墙边的梯子，取下了一本古老的《圣经》——别看她这么大年纪了，她的攀爬速度却快得惊人。特伦夫太太翻到有书签的那一页，然后大声读道："我必将……赐他一块白石，石上写着新名……"

吉娅以前从未见过特伦夫太太读《圣经》，也根本不理解那段话的意思。不过她注意到，壁炉旁的玻璃柜里就放着一块白色的石头。吉娅朝那石头的方向指了指，问："这段话和那块石头有什么关系吗？"

特伦夫太太意味深长地点了点头。她顿了一下，又继续说："那块白色石头是我最珍贵的宝贝。"然后，她沉默了良久。

最后，她终于开口说道："重要的是一个人的内在，是他的品格。其他的一切都是外在的。谦虚、感恩、尊重他人、富有同情心、助人为乐，以及给别人带去快乐，这些都是一个人重要的品格。我们必须学会如何应对外界，同样地，我们也必须培养自己的优秀品格。"

吉娅说："这听起来好像跟甜甜圈圆孔的道理一样。"

特伦夫太太补充道："但还不止于此……"

她又停顿了许久，才接着说道："一旦你开始研究这些事，你就会问自己，为什么自己和别人是不一样的。然后，你就会找到自己独一无二的原因。"

吉娅打断她说："为什么我应该和别人不一样呢？我只不过是一个普普通通的女孩啊。"

特伦夫太太并不赞同："世界上只有唯一的一个你。你可是不同寻常的啊。"

吉娅还是不太信服："有些事情我能做好，可还有人能比我做得更好。比如，我已经学会了理财，可是堂哥马塞尔更是理财好手。"

听罢，特伦夫太太露出慈祥的笑容，娓娓说道："我非常喜欢这个甜甜圈的例子。你不能在拿掉甜甜圈外层那个圈的情况下，再来描述它中间的圆孔的独特性。这同样适用于一个人的品格。很多人外面的'圈'看似一样，内里的'孔'却大相径庭。每个人都在世界上担负着不同的职责。如果我们不去担负，就没有人会去担负。一旦你找到那个只有你才能担负的责任，你就找到了属于自己的那块白石。就在那块白石上，写着你新的名字，它象征着你全新的幸福生活。"

听到这里，吉娅喃喃地说："这比我想象的还要复杂。现在我都被搞糊涂了。"

特伦夫太太又笑了："到时候你就明白了。我们下次再聊吧。不好意思，我现在得打几个紧要的电话了。"

第三章
放大镜

　　吉娅现在更加困惑了。她清楚地知道，留给自己的时间不多了，必须尽快赶回自己的房间。莫妮卡随时都有可能被发现，而且，九天后她就得把那篇作文提交给美国领事馆。

　　要是钱钱能开口跟她说话就好了，它肯定能想出好点子，可它好久都没有和她交谈了。吉娅想了又想，终于想到了一个主意：钱钱最喜欢在秘密基地里开口说话，就是在那儿，钱钱教给了她关于理财的前几堂课程，也许到了那里，钱钱能再一次开口……

　　尽管时间很紧，吉娅还是决定带钱钱去秘密基地。所谓"秘密基地"，其实是森林里黑莓丛中的一小块空地。要到达那里，必须爬过一段五米长的狭窄通道。她心里盼望着钱钱能再帮她一把。

通往秘密基地的路上，在森林边上，有一座好久都无人居住的老房子。吉娅经过那里时，一阵恐惧感突然攫住了她。只见那座废弃的老房子前有位老婆婆，她正坐在老旧的长椅上，用口哨吹着一支歌谣。她头发洁白如雪，神情看上去十分幸福。

吉娅和老婆婆打了个招呼，就想继续前行，没想到耳边传来一个洪亮的声音。那老婆婆开口说道："瞧瞧，瞧瞧，这就是吉娅，一位小金钱魔法师，还有钱钱，一只会说话的狗。"

吉娅吓得差点儿昏过去。不能让任何人知道钱钱会说话！那可是吉娅最大的秘密。再说了，她如今根本不知道钱钱到底还有没有会说话的本领……

吉娅不安地看向老婆婆，她的脸让吉娅感受到了一种奇特的宁静。不知怎的，吉娅忽然深信不疑，眼前这位慈眉善目的老婆婆没有任何危险性。尽管她年事已高，但蓝色眼眸里仍闪烁着夺目的光芒，简直有着摄人心魄的力量。

吉娅感受到了一种不可抗拒的冲动，让她想要坐到这位老人身边去。她又听到这位老婆婆和蔼地说："很高兴能认识你们俩。"

吉娅已经从最初的恐惧中恢复过来。这时，她脑子里只有一个念头：这嗓音多么动听，多么温暖啊！她过去常常设想，上帝其实也很有可能是女性。若果真如此，那么上帝的嗓音一定是这样的。

"我可不知道上帝是男是女，"老婆婆的声音再次响起，"不过，我能感觉到你遇上了麻烦。我们先进屋吧，进去好好谈谈你面临的问题。"

老婆婆站起身来，吉娅不由自主地跟上了她。令吉娅大吃一惊的是，这座房子内部根本不像她原来以为的那样空空荡荡，反而布置得简朴而舒适。而且，显而易见，老婆婆在收藏石头，因为屋里到处都是各式各样的石头。吉娅还突然注意到：所有的石头都是白色的！

"你已经知道白色石头的含义了，对吧？"老婆婆微笑着问道。

"是的，"吉娅承认，"但我只知道个大概。"

老婆婆细细地打量着吉娅，然后说："你所知道的，其实比你以为自己知道的要多。你将要面对的，是一系列艰巨的任务和冒险，而你需要帮助。你可知道，任务从不独自出现，它们总是会同时带来你所需要的帮助。"

吉娅马上想起了她必须要写的那篇作文。

"不，"她又听见老婆婆说："我指的并不仅仅是那篇作文。这和你的那块白色石头有关。你要寻找白色石头，就势必要经历一段艰险的旅程。我之所以来到这里，就是想帮你做些准备，把一些重要的东西交给你。"

吉娅一时不知道自己应该再想些什么。这位气度庄严的老婆婆似乎可以猜出她的所思所想。老婆婆知道钱钱会说话，而且似乎对吉娅也十分了解。她究竟是从哪里了解到这些的呢？吉娅问："您是谁？您是怎么认识我的？"

"我的名字是沙尼雅·怀斯[1]。"老婆婆答道。吉娅觉得，这个名字真的非常适合她。老婆婆继续说："我刚才说过了，我来这儿是为了帮助你找到你自己的那块白色石头，其他的一切都不重要。人生中没有比找到白色石头更重要的事了。每一个人都必须找到自己的那块石头。唯有如此，才能真正获得幸福。"

吉娅说："特伦夫太太也跟我说过这个，但我没怎么听懂。"

"时候到了，你就会完全明白的。"老婆婆并没有进一

1　怀斯的德语是 Weiß，有"白色"之意。——译者注

步解释。

吉娅脑子里还萦绕着另一个问题："我到底应该怎么做，才能找到白石呢？"

老婆婆答道："其实有几个方法，你早就知道啦。想一想甜甜圈中间的孔吧。要成为一个优秀的人，你必须学会七件事，而你已经知道其中的三件了。"

"是哪三件事呢？"吉娅问。

"回想一下金先生的话吧，他先前教过你三条道理。"老婆婆解释道。

吉娅说："我想起来了：第一，尊重他人和友善待人；第二，不要陷入'公平陷阱'；第三，只说别人的好话。"

"很好，"老婆婆赞许道，"继续学习下一条道理会大大拉近你和白色石头的距离。然而，要践行它也很困难。"

"下一条道理是什么呢？"吉娅迫不及待地想知道。

"帮助他人。"妇人答道，"帮助他人是人生中最美好的事。"

"可是我已经帮助过别人了，比如，我会帮邻居们遛狗。"吉娅说。

"我指的并不是这个。"老婆婆解释道，"遛狗是你的工作，你会因此获得报酬，这当然很好。而我的意思是，能为他人带来快乐，为他人付出，并且不要金钱上的回报。没有什么比这更美好了。"

吉娅陷入了沉思。当她帮爸爸妈妈解决财务上的难题时，她确实感觉好极了。有时候送给别人礼物，的确比自己得到礼物还要开心。老婆婆说的话可能是真的。

"还不止于此呢。"老婆婆继续补充道，"第四条道理不仅意味着要为他人带来快乐，为他人付出，还需要帮助困境当中的人。"

吉娅点点头："要是我的朋友们有困难，我总是会帮助他们。他们也会帮助我的。"

"即便有危险也一样会去吗？"老婆婆问。

"应该会吧。"吉娅答道。

老婆婆斩钉截铁地说："当然会有危险，所以我才会来到这里……不过这一切都是值得的。当你将这七条道理时刻铭记时，就会得到属于自己的白色石头。好了，想不想来一杯热巧克力？我正好煮了一些。"

吉娅不再感到惊奇了。反正这位老婆婆无所不知，对于自己有多么爱喝热巧克力肯定早已了然于心。她开心地接受了这个提议。

热巧克力太香了。趁吉娅喝热巧克力的工夫，老婆婆走到一个柜子前，取来了两本相簿。一本相簿的封面是雪白的，而另一本则小小的、黑漆漆的。吉娅打开白色的相簿，不由得屏住了呼吸——里面都是她的家人和朋友的照片，千真万确：堂哥马塞尔、最好的朋友莫妮卡、哈伦坎普夫妇、特伦夫太太、金先生、银行顾问海娜女士和爸爸妈妈。还有一张钱钱的照片，照得尤其漂亮。

在黑色封面的相簿里，吉娅却看到了一些她没见过的人，有几个人看上去特别可怕。这些照片里，吉娅只认识一个人——讨厌的埃尔娜姑姑。

吉娅说："黑色相簿里的人我看了就害怕。他们长得好吓人啊。"

"是啊，你可得小心提防他们。他们对你居心不良。"老婆婆语气坚定地说，"有些人是你去美国以后会遇见的，而另一些人是你回来以后才会碰到的。你将会面对一些危险。"

吉娅一时间觉得身上燥热，却又好像冷得直打哆嗦。恐惧几乎扼住了她的喉咙。她问："有没有什么办法可以躲过这些危险？"

老婆婆优雅地点了点头，答道："的确有一个办法，能让你避开他们所有人：只要你不去写这篇作文，也别去寻找白色石头。"

吉娅马上说："可那样我就去不成美国了，但是我真的很想去。"

老婆婆解释说："你不仅去不成美国，还会因此而错过许多其他美妙的事情。你将与人生中的一切美好擦肩而过，而这些都是你原本可以经历的。"

吉娅感到很害怕。老婆婆轻轻地将自己的手放在吉娅的手上。她的手虽然苍老，却柔软得出奇。只听她说："你的人生中没有比寻找白色石头更重要的事了。不去寻找它，你当然会免去很多危险与麻烦，但你也无法收获本来可以拥有的幸福。"

吉娅虽然对这一番话似懂非懂，但可以清楚地感受到她话里想要传达的意思。她明白自己别无选择，于是坚定地说："我不但要去美国，还要去寻找那块白色石头——就算我不知道它的确切意义，就算我要为此遭遇很多危险。"

老婆婆叹了口气说："要是有更多的大人也能这样做决定就好了。比起精彩而充实的人生，大部分人反而更喜欢选择舒舒服服却没有真正幸福的生活。他们之所以这么做，只是不想太过辛苦，而且惧怕困难。但这样一来，他们就永远不算是真正地活过一回。他们也永远体验不到，生活已经准备好了何等丰富的馈赠。"

两个人默默地喝着热巧克力。过了好一阵儿，老婆婆说："等你从加利福尼亚回来，我们再说说白色石头的事。现在我要给你一件有用的礼物，你马上就能用得上。"说着，她站起身，取回来一个十分古老的放大镜，郑重其事地放到吉娅手里。

"放大镜?"吉娅问。她不敢问这东西到底有什么用，因为她刚刚学过要尊敬大人。

"先用它看看这些相片。"老婆婆微笑着，有些神秘地建议道。

"妈呀，她会读心术呀！"这个念头蓦地掠过吉娅的脑海。她照着老婆婆的话，挑出一张哈伦坎普先生的照片，然后把放大镜放到照片上。哇，照片中的人脸一下子变形了，好像动了起来！吉娅赶紧把双眼紧紧闭上，可这是真的：人脸确实在动。她猛地意识到，人脸是在说话呢！

吉娅的惊讶劲儿还没过去，就突然听见脑海里响起了一个声音。她辨认出了这个声音：这分明是哈伦坎普先生！这个声音说道："钱币正反两面的秘密，不知道吉娅调查得怎么样了。"

吉娅吓得一松手，放大镜掉到了地上，那个声音随即消失了……不可能！照片绝对不会说话！吉娅不禁看向钱钱，可钱钱看起来没有丝毫不安。恰恰相反，它尾巴摇个不停，就好像这是全世界最司空见惯的事儿。吉娅暗暗叹了口气，她多么想再和钱钱说话啊。

老婆婆亲切地看着吉娅，蓝眼睛闪着光亮。吉娅忽然感到，一切本该是这样。她不再害怕什么了。

吉娅突然想到一个点子。她在相簿里找到了钱钱的照片，然后拿起放大镜。这一次，她的手因为激动而发抖。如果成功了的话……吉娅将放大镜放到照片上方。

一串声音立刻浮现在吉娅的脑海里，非常响亮："汪，汪，汪！"她大失所望，正想放下放大镜，却听见了一个久违了的熟悉的声音："开个玩笑啦。我当然还可以和你说话，让你能听懂我。"

吉娅细细看着那张照片。钱钱的嘴并没有动。可是她很快又想起来，钱钱"说话"的时候嘴从来不动，它会心灵感应。

老婆婆一直和善地望着吉娅，脸上笑眯眯的。

吉娅靠到椅背上，试着拿放大镜快速扫过一排排的照片，与此同时，她的脑海里闪过了好多好多念头。

"这简直是奇迹。"吉娅喃喃自语，语气里半是感叹半是疑问。

老婆婆依旧微笑着，她说："到底什么是奇迹呢？大人把他们不理解的事物称为运气——当他们运气极好的时候，就说这是奇迹。"

吉娅反驳说："可是，先是钱钱对我开口说话，而现在只要我举起您的放大镜，也能听见照片上的人说话。这可真是太不寻常了。"

老婆婆激动地解释道："我刚才说过了，你要面对一系列超乎寻常的艰巨任务，也必须要经历一段艰险的旅程，所以你也会收到一些非比寻常的礼物。任务和帮助总是结伴而来。"

吉娅坚持道："可这就是个奇迹，不是吗？"

老婆婆问："那么对你来说，奇迹是什么？你能给我一个科学的定义吗？"

吉娅考虑了好一阵儿。吉娅想起了之前上过的物理课，说："奇迹就是违反了自然规律的事，用自然规律无法解释。"

老婆婆赞同地点点头，然后问道："你相信自己能让自然规律'失效'吗？你能创造奇迹吗？"

吉娅使劲儿摇了摇头。"没人能做到。"她回答道。

老婆婆拿起一个看上去十分名贵的陶瓷蛋，问道："如果我松开手，那么按照万有引力定律，这只蛋就会掉到地上，对吗？"吉娅点点头。

老婆婆毫无征兆地松手，让陶瓷蛋掉了下去。吉娅本能地向下伸手，赶在陶瓷蛋快要落地前接住了它。

老婆婆满意地咧嘴笑起来，问道："你意识到自己刚刚做了什么吗？"

"我接住了这只蛋。"吉娅回答。

"你做的比这个重要得多！"老妇人补充说，"你用自己的行为，在短时间内让万有引力法则失效。按照你自己的定义，你刚刚创造了一个奇迹！"

"可没有谁会把这个当成奇迹啊。"小姑娘反驳道，"我只是接住了一个蛋而已。"

老婆婆继续耐心地解释："我们不会把自己已经理解的事情当成奇迹。可每一次的帮助都是一个奇迹。靠着这些帮助，我们才能完成单打独斗时无法完成的事。与此相比，那些我们不理解的事还算不上是超自然的，我们只是不知道该如何解释它们而已。至于这个放大镜是怎么回事，我轻而易举就能说清楚，不过这并不重要，因为目前咱们可没时间说这个。你得赶快回家去了。"

吉娅望着这位睿智的老婆婆，心底满是疑问。只听老婆婆斩钉截铁地说："你如果能恰当使用这个放大镜，就能写出那篇作文来。你在去美国的途中，会经历一场危险的奇遇，还有一场艰难的考验在等待着你。这个放大镜也会适时地帮上大忙。但当务之急你还是赶快回家吧。"

老婆婆的语气不容置疑。吉娅马上将放大镜装进了口袋。老婆婆从那本黑色相簿里抽出几张照片交给她，神秘地说："这些你也用得上。"吉娅把照片也同样塞进了口袋，真心地谢过老婆婆，然后以最快的速度飞奔回家。

吉娅悄悄地快步穿过花园，尽可能轻手轻脚地爬上梯子，爬到了自己的窗户前。她刚往房间里瞥了一眼，就猛然意识到不太对头。不，是完完全全不对头！这下全完了！

她看见莫妮卡坐在床上哭，妈妈在一旁安慰她。还有——爸爸正站在房间中央挥舞着双臂，满脸通红，怒气冲冲。吉娅原本想顺着梯子再溜下去，但被爸爸发现了。

"嗬，小兔崽子在这儿呢！"爸爸吼道。莫妮卡哭得更凶了。吉娅顿时觉得浑身发烫，简直像发起了 41℃的高烧。她慢慢爬回房间里。爸爸继续大吼："小姐，请你给我说清楚！"

吉娅结结巴巴地道歉："我只是想……想……想知道，怎么写……写……写作文。我……我……我自己……真……真……真的……做不到……"

妈妈难过地说："我本来以为可以相信你的！"爸爸深吸一口气，酝酿着下一句吼叫。吉娅恍恍惚惚地坐到床上，挪到莫妮卡的身边。

爸爸还在气得直喘粗气，妈妈责备道："你到底是怎么想的？我们都担心死了！"说完，她又轻声补充了一句："我对你太失望了。"

这下子，吉娅可承受不了了——她宁愿爸爸对她大吼大叫！于是，她也开始哭了起来。

在爸爸妈妈的注视下，吉娅慢慢平静下来，努力让自己思考。忽然，她想起了今天早晨从金先生那里学到的道理，其中一条就是要尊敬父母。于是，她小心地说："对不起，让你们失望了。我不是故意的。我只是想知道该怎么写那篇作文，就去请教了金先生、哈伦坎普夫妇和特伦夫太太。"

令吉娅意想不到的是，父母居然在耐心地听。她接着说下去："昨天我说话太冒失了，我也要道歉。我知道自己错了，对不起。"

妈妈一下把她搂进怀里——妈妈从来不会一直生气，对任何人都是这样。爸爸看上去也没那么恼怒了，他说："好吧，那我们就继续关你的禁闭。反正你本来就被禁足了。但是你得答应我别再逃跑了，不然我就把窗户也锁上。"

吉娅答应了，答应得心甘情愿。要是被关到一间门窗上锁的小黑屋里……啊，想想都觉得恐怖！

接着，吉娅又向莫妮卡道歉，因为自己给她带来了那么大的麻烦。莫妮卡对此并不介意，让她很高兴的是，这下总算可以离开了。她们互相拥抱的时候，莫妮卡顺手塞给吉娅一枚古老的硬币。"这是马塞尔今天下午带来的。"她小声说。

这下，就剩下吉娅孤身一人待在房间里了。各种想法在吉娅脑子里横冲直撞，现在她终于能安安静静地思考了，她甚至感到有些雀跃。金先生总是说："时不我待，别去等待更好的时机。任何时候都要泰然处之。无论遭遇什么情况，都要努力寻找积极的一面。"

吉娅决心发掘这次关禁闭的好的一面。她要好好思考，试着写出作文来。"等等，"她修正了自己的想法，"我不要尝试去写，而要立刻着手去写。因为我早就学过：所谓'尝试',只不过是在为失败提前找借口,为自己找退路。"

不过,吉娅还是很想听听那些照片"说话"来解解闷儿。一想到放大镜,她就忍不住想笑。

过了一会儿,她又开始对着成功日记苦思冥想起来。她将自己的点滴成就都记录在这个本子里,可是今天她想不出要记些什么,她觉得今天就是"错误"的一天。

稍后,她还是想起了几件事:

1. 即便受到了不公平的对待,我也没有放弃。

2. 我已经开始寻找那个作文谜题的答案了。

3. 我有马塞尔和莫妮卡两个好朋友。

4. 我学到了一些重要的东西:

   ● 要尊敬父母

   ● 不要陷入"公平陷阱"

   ● 只说别人的好话

5. 我向父母道了歉,他们不再那么生气了。

最后,吉娅渐渐进入了梦乡。

第四章

作文

吉娅醒得很早。她睡得很不踏实，而且噩梦连连，却记不起都做了些什么梦。

今天，爸爸妈妈允许吉娅离开房间吃早餐。这是个积极的信号：他们很显然没那么生她的气了。接着她又开始思考那篇作文：一枚古代硬币的两面。"好棒的题目啊，"她想，"我必须得写出来。"不知怎的，吉娅开始期待起即将到来的历险。如果她现在知道那一切会有多危险，她肯定会害怕得发抖的。

吉娅绞尽脑汁地思考了两个小时，还是想不出来该写点儿什么。但她知道自己不能放弃。金先生总是说："失败者永不获胜，因为他们轻言放弃；胜利者终会凯旋，因为他们坚持到底。"

金先生说起放弃时，常常用到一个比方。他说："我们每个人身上都有一个巨人和一个矮人。他们就住在我们的头脑里，我们可以听见他们说话。矮人不停地对着我们耳语：'放弃吧，这是没有意义的。'巨人则鼓励我们永不放弃。"吉娅脑海里想听见的是那个巨人的声音。而每当她有所动摇的时候，她就知道，矮人又开始说话了。吉娅就会央求矮人快快闭嘴。嗯，她一定会有办法的……

这时，她想起了马塞尔从他爸爸那儿拿来的古币，那是莫妮卡塞给她的。吉娅摸出钱币，好奇地观察着。硬币的一面磨损严重，模糊不清。而另一面上，吉娅能清晰地辨认出一个男人的肖像，看上去像是一位皇帝——在吉娅看来，他充满着智慧，相当有权势。当然，也许每一位皇帝都很有权势……

肖像的下方刻着一个名字，可是已经看不清楚了：马可·奥……她无助地端详着这枚钱币，琢磨了好久。怎么才能悟出这正反两面的含义呢？

吉娅的目光第五十次扫过这位皇帝的脸。马可·奥，马可·奥……要是她能破解这个人的名字就好了。突然，她想起了老婆婆给她的那个放大镜。她从口袋里掏出放大镜，把它举到那串字母的上方。现在她真的破解出来了：马可·奥勒留。

吉娅在历史课上学过，马可·奥勒留是一位非常伟大又聪慧的皇帝。她的历史老师莱希先生对这位皇帝一直赞不绝口。

吉娅正要拿开放大镜，古币上皇帝的脸忽然微微动了一下。吉娅吓得把放大镜扔到了床上。她想：不可能啊，放大镜应该只对照片有效啊。可谁知道呢，毕竟古代又没有照片。也许过去在古币上压印的图案，就相当于照片了。想到这儿，吉娅又好奇地把放大镜举到古币上方。

皇帝的脸又动了起来，与此同时，吉娅的脑海里也出现了一个声音。起初，她听不太懂，因为这个声音既沧桑又微弱，仿佛是从遥远的地方传来的。但后来，声音变得越来越响亮，吉娅也听懂了每一个字：

无论何人，手握此币，都须知晓：汝亦双面。兼顾双面，方得真福。观汝外面，汝当铭记，生于人世，必需钱财，以满足物欲，维持生存。试观内面，汝当铭记，神之力量，汝当修习。感恩助人，神性日增。唯此两面，皆汝本真，均为要义。兼顾两面，得偿所愿；若有偏废，喜乐无存。

"哇！"吉娅激动地叫出声来，"真不敢相信，一位皇帝在和我说话，他已经去世了大概有——"她飞快地心算了一下，"快两千年了。"吉娅赶忙拿来一张纸，尽可能详尽地记下她听到的每一句话，却发现自己无法记住所有的内容。于是，她又用放大镜对着皇帝的肖像反复看了几次。相同的声音一次次在她脑海里响起。

最后，吉娅终于记下了所有这些话。"多谢您，陛下！"她一边说着，一边照着电影里的样子，对着古币鞠了一躬。当然，吉娅从没见过真正的皇帝，所以也不确定如此称呼这位君王是否恰当。无论如何，至少她尽力了。

现在，吉娅了解了古币正反两面的含义。可是单凭这个，她还是无法组织好语言，写出一篇好作文来。她尝试了各式各样的体裁和开头，但都不太满意。最后，她打定主意，不再故作高深地显得自己满肚子学问，就用简单质朴的语言写作。她写道：

亲爱的领事先生：

　　起先，这个难写的题目实在令我气恼。但现在我相信，这篇作文对我大有益处，因为我从中学到了一些重要的东西。

这几个月以来，我赚了不少钱，也学会了理财。我甚至会给其他孩子做财务讲座，帮助他们管理金钱。这就好比古代硬币的一面。

然而，我忽略了它的另一面。我对自己的父母不够尊敬，对别的大人也很没有礼貌。我老是取笑我最好的朋友。虽然她也会跟着我笑，但我知道，我已经伤了她的心。我为我所做的这一切道歉。

我认识一位非常富有的人。我觉得他身上最棒的一点是，他会帮助我，而且对我总是十分友善。我想，他"拥有"了硬币的正反两面。

邻居哈伦坎普太太烤的甜甜圈世界第一好吃。她说，甜甜圈是一种象征，就像古代的钱币一样，只不过甜甜圈还很美味罢了。甜甜圈由外面的圈和中间的孔组成，就像一枚古币有正反两面。那个圈就是金钱，以及所有我们能买到的东西。中间的孔就是品格，是看不见的东西。优秀的品格是无法衡量的，再多的钱也买不到。可一旦人具有优秀的品格，就会拥有好朋友，也会感到幸福快乐。这种内在的东西和外在的东西同样重要。

邻居特伦夫太太的家里进过小偷。也许小偷就是那种只注重外在一面的人。特伦夫太太说，他们是肯定不会幸福的。我也这么认为。

一枚古币有两面。而我也要从现在开始思考，如何才能给他人带来快乐，如何才能帮助他人。虽然我还不知道该怎么做，不过幸好我认识很多优秀的人，可以向他们学习。

吉娅

附注：我觉得，古罗马皇帝马可·奥勒留也是这么想的……

吉娅在写附注的时候，忍不住笑起来。这位"老男孩"到底是不是这么想的呢？——"抱歉！陛下，您当然是这么想的！"她哈哈大笑了好一会儿。

吉娅飞快地把这篇作文工工整整地誊写了一遍，刚才的草稿写得过于潦草，她随手就扔进了纸篓。

然后，吉娅叫来了爸爸妈妈。爸爸按捺不住好奇，他坐进读书椅里，认真地读起了这篇作文。妈妈则站在爸爸的身后看着。

读完以后，他们沉默了片刻，随后爸爸说："吉娅，你写得太精彩了。我真为你感到骄傲！"

"这一点随我。"妈妈说道，"我们最好马上就把它寄出去。"爸爸严肃地打量了吉娅一阵，然后说："我想，你为自己争取到了亲自去邮局寄信的机会。但是寄完信要直接回家。"

吉娅迅速把信装进一个信封里，披上一件夹克就跑出了家门。吉娅刚刚拐到邮局所在的街道上，就被人一把抓住了肩头。她战战兢兢地转过身，看到的竟然是姑姑那恶狠狠的脸。姑姑呵斥道："我还以为你这个丫头被关禁闭了呢。又偷偷跑出来了吧？"

吉娅辩解道："才不是呢，我终于把作文写完了，所以能自己来寄信。爸爸批准了的！"

姑姑凝神考虑了一下，手还是牢牢地抓着吉娅，说："反正我也要路过邮局，可以帮你把信投进邮筒。你把信放哪儿了？"

不等吉娅回答，姑姑从下往上扫视了吉娅一遍。装着作文的信封从吉娅的夹克口袋里露了出来。吉娅还没回过神，姑姑就已经把信抢了过来，闪电般地塞进了自己的包里。

吉娅没能拦住她，当即有了一种不好的预感。她相信姑姑什么事儿都干得出来，除了好事。自从在黑色相簿里看到了姑姑的照片，吉娅就清楚自己得时时提防着她。可是吉娅不能把这些透露给爸爸妈妈，因为他们根本不会相信。

姑姑忽然显出十分着急的样子。她松开了吉娅的肩膀，快步走开了。姑姑离开的时候一定在冷笑，吉娅对此深信不疑。

吉娅的脑瓜儿转得飞快。她还能做些什么呢？这时，她想到了一个主意。她飞奔回家，回到自己的房间里拿出那个放大镜，接着取出神秘老婆婆送的那一沓照片。没错，姑姑的照片也在里面。吉娅把放大镜举在照片上方，姑姑那张脸登时动了起来，阴险地笑着。同时，吉娅脑海里也传来了声音，那是姑姑在轻轻咳嗽。然后，她清楚地听见了姑姑的说话声："太好了，可算把这没用的臭丫头给逮住了。我当然不会把这封信寄出去。没人会相信这个臭丫头，哼！"

吉娅不明白，为什么姑姑会这样讨厌自己。她不由得想起，有一次爸爸这样评价他们以前的房东，那个房东一直不允许他们养狗："问题其实不在于狗，他只是不喜欢自己，也不想让别人快乐。"也许姑姑就是这样。她看上去和他们以前的房东是一类人，既尖酸刻薄又怨气冲天。

但是吉娅必须得采取行动。幸好她还有这篇作文的草稿。吉娅把草稿从纸篓里捡了出来，重新誊抄了一遍。

这时，吉娅突然又想起了领事馆里的胖女士，于是冒出个想法。吉娅曾言语冒犯过那位史蒂文斯女士，感到非常过意不去，她决定在那篇作文后附上一封道歉信。吉娅还想告诉那位女士，这篇作文让她认识到了自己的错误，对她帮助颇大。写完这封信，吉娅的心情好了很多。随后她把这篇作文、道歉信和给马塞尔的字条交给了钱钱，请马塞尔替自己去领事馆送信。钱钱当然立刻办好了这件事，这对它来说不过是最简单的训练之一，因为它是一只独一无二、聪明绝顶的狗。

不到一个小时，钱钱就回来了。它没法跳到车库顶棚上，就在楼下大门边大叫起来。爸爸妈妈应声开了门。万幸的是，他们并没有起疑心，也没有注意到它项圈上的小纸条。吉娅偷偷取下字条，读道：

亲爱的吉娅：

一切都很顺利。不要担心。

你一定能行。

马塞尔

已经很晚了，可吉娅还不想睡。她又看了一遍老婆婆给她的那一小沓照片。有一张照片吸引了吉娅的注意。照片里是一个肤色黝黑、胡须乌黑浓密的男人。他双眼乌黑，右脸颊上有一道伤疤，鹰钩鼻相当明显，牙齿很黄。吉娅顿时觉得脊背发凉。这个人身上有种莫名的恐怖和邪恶气息。

这天晚上，吉娅睡着后又做了噩梦。她先是梦见了那位睿智的老婆婆，她语气急切地对吉娅说："每当有人寻找白色石头的时候，那些拥有黑色石头的人就会想方设法进行阻挠。"

然后，她又梦见自己坐在一架飞机上，正撞向一座高山……吉娅一下子惊醒了，冷汗浸湿了全身。吉娅知道，做这样的梦，一定会有不好的事情发生……

老婆婆的话到底是什么意思呢？吉娅怎么也想不明白，这简直像谜语一样！

第五章

前往加利福尼亚

接下来的几天风平浪静。莫妮卡一直帮吉娅照看着那几只狗。几天后，爸爸妈妈不再关吉娅的禁闭，她总算可以自由行动了。然而吉娅越来越紧张，因为她还没有收到美国领事馆的任何消息，但愿他们不要觉得那篇作文太糟糕……等待真的非常难熬，吉娅都快把放大镜和黑色相簿里照片的事忘在脑后了。

后来，领事馆终于来消息了，是领事亲自打的电话，点名要和吉娅说话。吉娅迫不及待地从妈妈手里接过了电话。

领事说："吉娅，我很欣赏你的作文，真的非常出色。我为能发给你这笔奖学金而感到骄傲。我们两国的关系将会日益紧密，我们两国的文化也能增进交流……"

吉娅却听得有点儿走神。哇！她做到了。她一定要在成功日记里记上一笔！"真的非常出色。"这可是领事亲口说的！

领事继续说道："我还有个消息，不过最好还是让史蒂文斯女士告诉你。她要和你说几句。"胖女人接过电话："你好，吉娅。我也要祝贺你写出了作文，但更让我高兴的是你的来信。你真是个好女孩。"她的语气好像变了一个人，原来，她也可以非常亲切和善。吉娅很庆幸自己在信中道了歉。

史蒂文斯女士继续说道："你即将要去的学校里，有许多像你一样天资聪颖的孩子。那里每年都会举办一场演讲比赛：选拔口才好的学生当众演讲，讲得最好的可以得到1000美元的奖金。"

吉娅想不通胖女士为什么会说起这个，不过她很快就知道了原因。"我帮你报名参加了那个演讲比赛，"胖女士说，"你已经在决赛名单里了。一般来说，参赛者必须经过层层选拔，但是你已经来不及参加了。因为你是从国外来的，没办法参加预赛。然而考虑到你曾经在公众面前做过演讲，所以学校同意了我的申请。在此向你表示衷心的祝贺。"

吉娅能感觉到，胖女士是真心为自己好。可她不会知道，吉娅第一次当众演讲时有多么怯场……首次登台前，吉娅太害怕了，几次打退堂鼓。后来，在大家的劝说鼓励下，她才改变了想法，勇敢地迈出了这一步。当时朋友们都来为她助阵，在台上时她也只需要回答银行顾问海娜女士提出的问题。

吉娅把自己的想法告诉了胖女士，但她只是说："我相信你一定能做得很好。"

吉娅对自己一点儿也没有信心，但她还是乖巧礼貌地道了谢，挂了电话。她把这一切都讲给爸爸妈妈听，他们也都为吉娅感到欣喜和骄傲。

就在这时，吉娅突然意识到一个可怕的事实：她必须在加利福尼亚做演讲，那里的人都说英语，而她只会说一点点英语。这么一想，吉娅的心立刻跌落到了谷底。算了，此时此刻最好还是什么都不要想。也许到了那里，她就能想出个法子，逃掉这次演讲。一定可以的。现在她必须集中精力去处理别的事情。还有几天就要动身了，她还有许多事情要办，还得收拾行李呢。

启程的日子终于到了。吉娅心情沉重地和朋友们道别。她会想念朋友们的。不过等她回来，她一定会有很多故事和大家分享。大家纷纷祝她一帆风顺，都很羡慕她能去美国。而吉娅一直没告诉大家，有位老婆婆曾警告过她，这趟美国之行会遇到危险。

吉娅还不得不同钱钱暂时分别。她原本想着无论如何都要带上它，因为她根本无法想象，要有足足六周都见不到最喜欢的钱钱！可是领事馆的工作人员解释说，如果非要带它去，钱钱就得被关进类似监狱的笼子里，接受为期几周的隔离检疫。吉娅实在不忍心让这只白色的拉布拉多犬遭这份罪，只好暂时与钱钱分离。吉娅紧紧地拥抱了钱钱好半天，最后松手的时候，钱钱飞快地舔了一下她的脸。看来，吉娅还是没能让它改掉这个坏习惯。

吉娅正要上车，忽然想起了什么，顿时心里如沸水般翻滚起来：她忘记带上放大镜和照片了！她赶紧冲上楼梯，跑向自己的房间。

匆忙之中，吉娅被脚下的地毯绊了一跤。伴随着一声巨响，她滑倒在一艘轮船模型上，那可是爸爸用几千根火柴搭建的轮船模型啊。有一次，吉娅结结实实地摔到了上面，把它弄得支离破碎，爸爸只好重新搭建，足足花了好几个月的工夫。而现在，这个模型再一次支离破碎了。爸爸又像疯了一样大声咆哮道："我四个月的心血啊，全被你给毁了！"

吉娅感觉糟透了。她知道，这可不是个好兆头，上一次，她的冒险就是这样开始的。接着她又冒出一个念头：爸爸还是去收集石头好了，毕竟石头不会这么容易被摔碎。但吉娅也明白，现在最好还是别去和他提这个建议。

等到坐上了飞机，吉娅终于高兴起来。她系好安全带，怀着忐忑的心情等待飞机起飞。这时，她的目光落在一个有深色头发和乌黑胡须的男人身上。吉娅想：这个人我好像在哪里见过。可她左思右想，就是想不起来。不知怎么的，这个人看上去有些莫名的恐怖，好在他坐在吉娅的前几排。

发动机启动了。飞机缓慢地向前滑行时，吉娅回想着自己这些天以来的经历。美国领事馆、作文、金先生的准则、甜甜圈、白色石头、放大镜和照片，以及睿智的老婆婆……

照片！吉娅猛然想起来在哪里见过那个男人了！黑色相簿里就有他的照片，吉娅在噩梦里好像也见过他……一时间，吉娅心惊胆战，如坐针毡。那位老婆婆曾经再三叮嘱她，这个男人十分危险。但他到底会带来什么危险？她怎么才能打探出他的计划？

这个男人慢慢转过身来看着吉娅，好像猜中了她的心思。吉娅觉得，他那双乌黑的眼睛简直要把她看穿了。吉娅害怕得身子慢慢往下滑，深深地陷进座位里。她甚至想把卫衣拉起来，把脑袋也盖上。

但好奇心终究占了上风。吉娅小心翼翼地通过前排两个座位间的缝隙望过去。那个男人正在打量着其他乘客。吉娅突然看到他戴着一条项链，项链上挂着一块黑色的石头。吉娅猛地想起来，昨天晚上她做噩梦时，那位睿智的老婆婆说："每当有人寻找白色石头的时候，那些拥有黑色石头的人就会想方设法进行阻挠。"

这个男人就有一块黑石！吉娅本想把空乘小姐叫来，却又有点犹豫不决。该怎么跟空乘小姐说呢？说自己认识了一位蓝眼睛的目光炯炯的老婆婆，老婆婆住在一座本应空置多年的房子里，还给自己看了本黑色相簿？说假如自己去寻找白色石头，一定要提防黑色相簿里的人，他们都是坏人，会给自己带来危险，而根据他们身上戴着的黑色石头，就能把他们认出来？就说这些吗？

别人一定会觉得她疯了。而空乘小姐会认为，她是因为坐飞机过于紧张，导致眼前出现了妖魔鬼怪的幻象。吉娅的脑子飞速运转着。必须得采取行动！可到底要采取什么行动呢？

吉娅把手伸进口袋，这样可以更好地思考。放大镜！一个念头闪过她的脑海。老婆婆说过，遇到危险时，这个放大镜会帮她的大忙。可放大镜被装在了登机包里，而登机包放在了座位上方的行李架上。吉娅马上解开安全带，想要起身。

"这位女士，请坐好。我们马上就要起飞了。"空乘小姐大声喊道。吉娅被吓了一跳，只好乖乖听令坐好，可她必须要拿到放大镜……

吉娅想到了一个办法，她对空乘小姐喊道："我急着吃药。药就在上面的包里。我能把它拿下来吗？"

"等到起飞以后再拿不行吗？"空乘小姐没好气儿地问。

"不行，那就太晚了。"吉娅装模作样地叫起来，一副病得很厉害的样子。有几位乘客回头看了看她，其中就包括那个黑胡子男人。黑胡子男人恶狠狠地瞪了她一眼，黑眼睛里满是恨意。吉娅吓得一哆嗦。现在她真的感到头晕恶心，根本都用不着假装了。

空乘小姐也担心起来："请坐好，我马上把包递给你。对了，你要喝水吗？"

吉娅摇了摇头，然后在包里摸来摸去，装出拿药的样子。与此同时，她快速翻出放大镜和照片，把它们偷偷塞进卫衣里。幸亏空乘小姐没有注意到她的举动。接着，她将登机包放回座位上方的行李架上。

空乘小姐刚走，吉娅就开始翻找那个黑胡子男人的照片。她正想把放大镜放到照片上方，飞机开始加速了，几秒钟后从地面腾空而起。"太晚了！"吉娅心想，她紧张地咽了口口水，"现在我们已经身在空中了。"

尽管如此，吉娅还是想尽快用放大镜看看那张照片。她用余光瞥见身旁坐着一个男孩。不过她没有分心去搭理他，因为那个黑胡子男人占据了她全部的注意力。还有，她千万不能让男孩知道她在做什么。

想偷偷看照片并不容易，因为吉娅感到那个男孩正在观察自己。于是，她拿起飞机上的杂志，把照片夹在里面，把杂志的一面高高竖起。这样一来，那个男孩就看不到她到底在干什么了。接着，吉娅眯起眼睛，就像是没戴眼镜看不清字一样。

吉娅正要拿起放大镜，飞机广播响了："我是本次航班的机长。飞机即将遇到一股强烈的气流，请大家系好安全带，调直座椅靠背。"

话音刚落，飞机骤然下降，感觉就像坐在突然垂直俯冲的过山车上一样，失重感比坐过山车时还要强烈至少十倍。吉娅感到肺部缩成一团，几乎不能呼吸。一阵阵恶心涌上来，吉娅在绝望中仍攥紧放大镜，但飞机剧烈地颠簸摇晃，她什么也看不清楚。

就在这时，旁边的那个男孩忽然紧紧抓住了吉娅的胳膊，她被吓得差点把放大镜扔了。

"我们都要死了！"男孩带着哭腔说，"飞机要坠毁了。"

吉娅吃惊地望着他。男孩约莫九岁的样子，看起来古古怪怪的。他的皮肤格外白皙，不，是格外苍白，就好像脸上搽了粉一样。也许他也只是晕机吧。谁知道此时此刻她自己又是个什么鬼样子！可让吉娅觉得古怪的并不是这个，而是男孩的眼睛。他的眼睛——尽管不可能，但却千真万确——是红色的。

有一瞬间，吉娅甚至觉得自己在做噩梦。她只在恐怖片里见过红眼睛。出于本能，她挪得离男孩远了一些，想把他的手从自己胳膊上拿开。但他反而抓得更紧了。吉娅开始慌了，不过她很快意识到男孩似乎比她更害怕。他浑身发抖，牙齿咯咯打战，看起来是吓坏了。

吉娅担心地问他："你晕机了吗？你脸色看起来很苍白。"

"我一直都是这样，我有白化病。"

吉娅这才发现，男孩的头发也是白色的。他全身都是雪白的。

"我太害怕了，"男孩反复说，"我梦见我们的飞机撞向了高山，大家都死了。我就是知道。"

"小点儿声，"吉娅惊恐地提醒他，"你怎么就知道这不是一场噩梦？"她觉得更恶心了，颠簸一阵又一阵，停不下来。

"我就是知道！到目前为止，我们都只是走运而已。可没人相信我。"男孩固执地说。但他听进去了吉娅的话，压低了声音。

吉娅小声问道："你跟你爸爸妈妈讲过吗？"

"我没有爸爸妈妈了……他们都死了……出了事故……现在我也快要死了。"

吉娅满怀同情地看着男孩。"多可怕啊！他失去了爸爸妈妈。相比起来，我宁愿偶尔被关关禁闭。"她想。

这时，飞机突然向前猛冲，再一次扎进了下沉气流。好几个乘客吓得大叫起来，吉娅手中的杂志也掉到了地上。她没法弯腰去捡，因为男孩一直紧紧地抓着她的胳膊。那张照片从杂志里面掉了出来，恰好落到男孩的脚边。照片正面朝上，男孩马上认出了那张脸，大声叫嚷起来。他一把放开了吉娅的胳膊，喊道："我认识这个男人！他就坐在这架飞机上，坐在我们前面，看起来很凶狠。你怎么会有他的照片？"他边喊边尽量远离吉娅，虽然系着安全带，也是能挪多远就挪多远。

吉娅觉得，这个白化病男孩受了惊吓后，可能会做出一些无法预料的事情。得让他的情绪稳定下来。到底怎么办才好？吉娅又不可能把自己的秘密告诉他。她必须快点儿想出个办法，要是飞机别再颠簸就好了……

吉娅想了想，决定告诉男孩部分真相："有一位神秘的老婆婆警告过我，让我提防这个男人。为了能让我认出他来，老婆婆给了我这张照片。这位老婆婆我以前没有见过，除此之外我也没法跟你解释更多。"她耳语道，"你一定要相信我。其实我也害怕极了。"

这个全身雪白的男孩狐疑地打量着吉娅。忽然，他看上去比实际年龄变得更加沉稳了。不信任的神色从他脸上慢慢消失了，他悄声说："如果有人说谎，我是能感觉出来的。你刚才说的是真的。"然后，他做了自我介绍："我叫彼得，彼得·科劳斯米勒。"吉娅浑身一颤。

"我也叫克劳斯米勒，吉娅·克劳斯米勒。"她轻声回答。

"你叫什……什……什么？"男孩结结巴巴地问。

吉娅拼读着自己的名字："吉——娅——克——劳——斯——米——勒。"

"应该是'科'，科劳斯米勒。"彼得提出异议。

"我知道怎么写自己的名字。"吉娅生气地说。

"是'科'，科劳斯米勒这个名字就得用'科'！"彼得尖声说。吉娅做了个轻蔑的手势，用手敲了敲脑门，意思是：你脑子是不是有问题？就在这时，飞机又猛地颠簸了一下，吉娅的手指差点儿戳到了眼睛。

"嘿，我们待会儿再吵吧，现在不是时候。"吉娅回过神来。

彼得摆出一副承认她在理的样子，说："是啊。那我们就写'科劳斯米勒'吧！"

真是不可理喻，偏人一个。吉娅打定主意，趁着飞机没那么颠簸，还是先看照片吧。她从地上捡起照片，再一次举起了放大镜。

彼得在一旁激动地嘀咕："我视力也很差，和我爸爸一样。但我的听力也因此比一般人要好得多。"

这话正合吉娅的心意。就让彼得以为她几乎半瞎吧，这样他就不会起疑了。于是，吉娅迅速将放大镜举到照片上方。照片上那黝黑的面庞立刻扭曲成了一副凶恶的嘴脸。几乎是同时，吉娅听见脑海里有个声音说道："这个粉笔头儿绝不会活着走下这班飞机。能把他干掉，可真让人高兴。这下那个老家伙的钱总算归我们了。那个女人也会拿到这笔钱的。"

吉娅的后背和前额直冒冷汗，她害怕得放下了放大镜。这个黑胡子男人的声音比他的样貌还要凶狠，最可怕的是他所说的话！毫无疑问，这个男人想杀死她身旁的男孩。他说得再明白不过。

"粉笔头儿"，他这么说。哼，他说的肯定就是彼得，毕竟彼得全身雪白！真是太刻薄了！吉娅也知道了他的动机，一定是某个犯罪团伙图谋彼得父母的财产。可是他话里提到的"那个女人"又是谁呢？而最最关键的是：这个男人究竟有什么计划？吉娅再次迅速把放大镜举到照片上方。

但这一次什么也没有发生。很显然，那个男人此时什么都没想。吉娅只能等待。彼得这时凑过来说："你到底在照片里找什么？"

"没什么。"吉娅只想稳住彼得。她能跟他说些什么呢？

现在，气流引起的颠簸已经完全停止了，安全带指示灯也熄灭了。吉娅把照片和放大镜塞进裤子口袋里，起身去卫生间。

她想到卫生间里再看看照片，查出那个男人的确切计划。

经过空乘小姐身边时，空乘小姐问吉娅是不是感觉好些了。"好些了，好些了。"吉娅很快地嘟哝着，继续往前走。一进卫生间，她马上锁好门，拿出放大镜仔细端详照片。那个声音终于又在她脑海里出现了："我只需要等待，等那两个孩子睡着了，把毒药倒进他的杯子里，就可以顺顺利利地拿到钱了，哈哈哈！"

吉娅咽了几口唾沫。毒药！这个男人想毒死彼得！吉娅不明白人为什么可以如此恶毒。她脸颊滚烫，飞速在心里盘算着自己能做些什么。想要对付这个男人，单靠他们两个是没有胜算的。也许她应该试着去驾驶舱，找机组人员求助。

吉娅把照片和放大镜塞回口袋。打开卫生间的门时，她吓得差点儿瘫软在地——那个黑胡子男人就站在眼前，面色阴沉地盯着她。吉娅赶忙从他身边溜了过去。现在绝对不是去驾驶舱的好时机，会被黑胡子男人跟踪的。于是，吉娅又回到了座位上。

彼得等得都有些不耐烦了。"你去哪儿了，这么久？"他很好奇。

"我不是说了嘛，去卫生间。"吉娅答道。

"女人真是麻烦！"彼得嘀咕了一句，摇了摇头。

吉娅很想回嘴，但还是忍住了。要帮这个家伙真是不容易啊！她心想。

几个小时过去了，什么都没有发生。飞机一直都在平稳地飞行。已经是晚上了，飞机提供了晚餐。晚餐过后，客舱里的灯光很快就熄灭了。起初还有几位乘客借着阅读灯的光线看书，后来渐渐都睡着了。不知何时，彼得也靠在座位上打起盹儿来。

吉娅拼命想拉着他聊天，但他不想聊，嘟囔着说："你好烦啊。我现在要睡了。你们女的就是爱叽叽呱呱闲聊天。"不一会儿，他就睡着了，发出了有节奏的呼吸声。

吉娅紧张兮兮地竖起耳朵，听着周围的动静。过了好久，什么也没发生。吉娅的精神一直高度紧张，渐渐地也感到累了。不行，她绝对不能睡，必须保持清醒！吉娅想努力睁大双眼，但随着时间的流逝，她的眼皮变得越来越沉重。彼得在一旁睡得并不安稳，不停地在座位上翻来覆去，他可能又做噩梦了。

一分钟又一分钟，时间走得好慢好慢，不知不觉吉娅也睡着了……突然，她清醒了过来。好像有什么在响！吉娅微微掀开眼皮，小心地打量四周，装作还在熟睡的样子。没错，有人蹑手蹑脚地走了过来。

　　在半明半暗中，吉娅很快辨认出了那个男人的身影，就是他，没错！她一眼就看见了那把黑胡子。黑胡子男人把脚步放得很轻，一点儿一点儿地靠近，最后走到了吉娅那一排。他假装要扶住前一排座位，小心地把一个杯子放在彼得面前的小桌板上，然后看了一眼彼得和吉娅……

　　吉娅的心跳得扑通扑通响，声音大得她觉得黑胡子男人都能听见。她屏住呼吸，紧闭双眼，这样就什么也看不见了。接下来会发生什么呢……

　　过了一会儿，吉娅听见脚步声渐渐远去。黑胡子男人走路时拖着一条腿，她确信，自己永远也不会忘记这种拖拉声。

　　吉娅战战兢兢地眨了眨几乎完全闭上的眼皮。她看见那人潜回了自己的座位。显然，他并没有引起旁人的怀疑。

　　现在吉娅根本睡不着了，因为她知道，杯子里的饮料有毒。她想呀想，终于想出了一个点子来处理这杯饮料。就在这时彼得醒了。他果真又做噩梦了，梦境太可怕了，他一下子被吓醒了。

他不安地打量着四周，看见了眼前的杯子，喃喃道："哦，空乘小姐给我送了杯可乐。"说着，他就要伸手去拿。

就是现在，快！这个念头闪过吉娅的脑海。她如同闪电般飞速从座位上跃起，冲向彼得，装作不经意地打翻了杯子。杯子啪的一声掉在地上，可乐洒得到处都是，把地毯都弄湿了。

彼得生气极了，他本来很想喝那杯可乐的。"女人真是麻烦！！"他恼怒地嚷嚷。

"哼，这种事儿你又不是没碰见过。"吉娅小声嘟囔道。真是费力不讨好……

黑胡子男人从座位上转过身来，用探寻的目光望向他们。一看到地上的杯子，他立刻明白了怎么回事，眼神顿时变得恶狠狠的。

吉娅很清楚，现在他们两个正身处险境。黑胡子男人看上去什么都干得出来。万幸的是，这时客舱里的灯亮了，空乘小姐要开始送早餐了。现在，黑胡子男人不敢轻举妄动了。吉娅松了口气，靠回到椅背上。

吉娅知道，她必须给彼得提个醒。但该怎么提醒他呢？她又能说些什么呢？还有，彼得会相信她吗？他好像不怎么喜欢她。吉娅打定主意，先和彼得套套近乎，问问他到德国干什么来了。

彼得答道："我爸爸妈妈过世以后，我先是去寄宿学校上学，直到放假。后来，我发现我在德国还有个远房姑姑，就来找她了。但她很可怕，简直是让人毛骨悚然。在她那里我老做噩梦，而且她常常在我睡着以后接待客人。他们喜欢凑在一起压低声音说话，太诡异了！现在能回到寄宿学校去，我可太开心了。"

虽然彼得有时候很让人讨厌，但吉娅还是十分同情他。没有了爸爸妈妈，孤身一人待在寄宿学校里……

吉娅和彼得说了自己要去加利福尼亚的原因。彼得问："你要去的学校叫什么名字？"

吉娅说了学校的名字：里约·雷德伍德学院。

彼得重重地叹口气，说："看来我短时间内甩不掉你了。那就是我的寄宿学校。"吉娅不由心想，这一切是否都是巧合？无论如何，这下她有机会保护彼得了。但她还不能告诉彼得，他现在的情况非常危险。

从吃早餐到飞机降落，两个人一直聊得热火朝天。原来彼得也可以很讨人喜欢——只要他愿意。

要下飞机了，他们一起走向出口。吉娅想找那个黑胡子男人，却发现他已经不见了踪影。他们走下飞机，走过一段长长的、与航站楼相连的通道。靠近通道尽头处有一个急转弯，转弯后面有扇小门，是紧急出口。

彼得走得很急，在吉娅前面几步。当他走到那扇小门时，门突然打开了，里面伸出两条手臂抓住了彼得。彼得吓蒙了，没来得及呼救就被手臂拖着往门外拽。吉娅见状迅速丢下包，想要把彼得拽回来。

眼看彼得就要被拽出去了，吉娅紧紧抱住了他的两条腿不撒手。她竭尽全力地抱紧，同时大声呼喊起来，嗓子都快喊破了。那双手臂死死地拽住彼得，吉娅就用全身的重量顶住门框。

彼得这时也开始呼救。有一瞬间，吉娅抬头看了一眼，认出了把彼得往外拖的人，正是那个可怕的黑胡子！那男人愤怒地咒骂着，使出更大的力气去拽彼得。彼得急中生智，抓住旁边的公用电话不松手；吉娅则像先前那样拼命抱住他的双腿，用自己的腿抵着门框。

尽管如此，黑胡子男人仍旧可以凭一己之力把他们俩一起拽走，就在这时，有人跑了过来。跑在最前面的是一位健壮的女士。她很快就搞清楚了状况，一只手抓着抱住电话不放的彼得往里拽，同时抡起手提包朝黑胡子男人砸去。

包里一定装了很重的东西，因为黑胡子男人痛得大叫起来，猛地松开手逃跑了。这下彼得、吉娅和那位女士全都摔在通道里，摔了个结结实实，一个压着另一个，好半天才挣扎着爬了起来。

这时，越来越多的乘客到了门边。那位女士上气不接下气地讲述了她刚刚看到的一切。大家一起向外张望，但已经看不到黑胡子男人的踪影了。

彼得筋疲力尽地坐在地上，而吉娅还抱着他的双腿不放。刚刚那一幕太过惊险恐怖，两个人都害怕得瑟瑟发抖。

那位女士在他们身边蹲下，说："你现在可以放开他了，那个家伙跑了。"然后她把两个孩子紧紧地搂在怀里。这让他们俩觉得很安全，渐渐地不再发抖了。这时，机场的警察也赶到了，看来有乘客报了警。彼得、吉娅和那位女士讲述了事情的经过。

所有人都称赞吉娅的勇敢和沉着，吉娅谦虚地说："是我们一起阻止了那个坏人绑架彼得。没有这位好心的女士，我们是不可能成功的。"

话一出口，吉娅惊恐地意识到自己说了什么：黑胡子男人就是想要绑架彼得，没有别的可能。虽然吉娅没有告诉任何人，黑胡子下一步想杀死彼得，但大家都清楚，彼得正面临着巨大的危险。

他们三个必须去一趟机场的警察局。路上，吉娅对彼得飞快地耳语："千万别提照片的事，我之后再跟你解释。但现在一个字都别提！"看到彼得点头答应，她这才松了口气。

这场意外明显带给了彼得很大的冲击，所以他现在很信任吉娅。他悄悄说："不好意思，我以前那么说你。你根本不是麻烦的女人，而是……是……"他脑子里搜索着恰当的词汇，"是一个真正的女英雄！"

吉娅自己倒不这么认为，毕竟她当时怕得要死。他们来到警察局后，警察开始了例行问询。吉娅很庆幸自己提醒彼得不要说出照片的事，因为大部分问题他们都答不上来。不，他们不认识这个黑胡子男人。在飞机上是头一回见到他，以前从没见过。但吉娅能描述出他的长相，甚至可以很详细地描述——这对她来说轻而易举，因为她已经盯着照片看了好久。但这些情况他们当然不会告诉警察。

问询终于结束了，警察能做的也很有限，毕竟他们掌握的线索太少了，唯一有用的线索就是对黑胡子男人外貌的描述。他们会根据这一点展开搜捕。

学校派车来接他们了，出于安全考虑，一辆警车会陪同他们前往。一路有警察护送，这种感觉还真是奇特啊。

吉娅坐进车里，四下打量。这辆车内部的空间尤其宽敞，甚至能让她放平身体，舒舒服服地躺在地上。没错，就是这么宽敞。她把自己的感受告诉了彼得。

彼得笑了："对，我们美国人就是喜欢又大又漂亮的东西。众所周知，我们拥有全世界最广袤、最美丽的土地。我们还有最优秀的运动员。我们也是最强大的。美国就是最好的，最伟大的……别的国家都想向我们学习，复制我们的成功。但是没人能学得会，因为我们就是最棒的……"

彼得喋喋不休了好一阵，大吹特吹了一番自己的祖国。听着听着，吉娅有点受不了了，吉娅忽然想到，她真应该把第一条准则教给彼得，那就是尊重、友善和谦虚。她敢肯定，彼得和谦虚毫不沾边。

彼得继续夸夸其谈，简直没完没了。他觉得美国什么都好，无与伦比，出类拔萃，世界第一，酷炫得不可思议。吉娅却在心里悄悄记下：炫耀可不讨人喜欢，即使他有炫耀的资本。而且，她发现炫耀很难让人信服。

他们终于抵达了学校。

第六章

寄宿学校

学校坐落在一座小山上，山上长满了大树和灌木丛。学校四周是围墙，围墙上还加装了铁栅栏。吉娅特意看了几眼铁栅栏，说："不该进来的人，想进来还真不容易。"

彼得马上接话道："可想出去也不容易。"吉娅有些害怕了。是啊，是这么个道理。

他们的汽车驶过大门，学校里的建筑出现在眼前。彼得告诉吉娅，这里共有四幢楼：两幢宿舍楼，一幢住男生，一幢住女生；一幢上课的主楼；还有一座大型体育馆。

汽车直接停在主楼前，两个人下了车。当然，下车前，当然没忘记向司机和友善的警察道谢，然后就去了秘书办公室，那里早就有人在等候他们了。因为警察提前通知了校方他们抵达的消息。

女秘书向他们问好，接着把他们领进了校长办公室。校长斯诺顿先生面相温厚，看上去忧心忡忡。他把手放在彼得的肩头说："你能没事真是太好了。不管怎么说，你在这里是安全的。欢迎回来。"

接着他转向吉娅："欢迎来到里约·雷德伍德学院。我已经听说了很多关于你的故事，我非常期待你参加演讲比赛。"

吉娅请校长稍微讲慢点，因为她的英语还不太好。校长很理解地点点头，再次开口时语速就慢多了："你是个聪明的孩子，我觉得，只需要两周时间，你就几乎能听懂我们的语言了。等到演讲比赛的时候，你的英语肯定已经说得很流利了。别担心。"

"可我好害怕参加演讲比赛。"吉娅回答。

斯诺顿先生听了笑了起来，他说："害怕从来都不是坏事。可如果单单因为害怕，就不去做我们该做的事，这就不好了。下次我们再谈演讲比赛的事吧，你的当务之急是适应这里。我的秘书莱特女士会带你去女生宿舍，在那里你会见到你的辅导老师和宿舍管理员阿姨。"

这次，吉娅几乎全都听懂了，她感激地点点头。校长又补充道:"很高兴能有外国学生来我们这里。我想我们有很多地方可以互相学习。"

彼得哼了一声,很是不以为然。也许他认为,美国人不可能也没必要向任何人学习吧。

校长似乎敏锐地觉察到了这个学生的心思。他说:"彼得,你要多和吉娅待在一起,你能从她那里学到很多东西。"

虽然彼得挺喜欢吉娅,而且在经历了机场绑架事件后也很信任她,但他心里还是不服气,闷闷不乐地嘟囔了几句。

这也没逃过校长的眼睛。校长思索了一会儿,对吉娅说:"我们给每位学生都配备了一名学生辅导员,就是负责带你熟悉校园的高年级同学。你也一样。我已经为你选了一个很好的女生,她叫珊迪。"

接着他又转向彼得:"我希望你也能帮助吉娅。"

"但她年纪比我大多了。"彼得抗议道。这让吉娅有点儿尴尬,她可不想有人不情不愿地被派来帮助自己。

但是校长的安排已定,他说:"今天这事你可要好好谢谢吉娅。珊迪不太擅长运动,所以在体育运动上你要多帮帮吉娅。这里的很多东西她都不熟悉。"他停顿了一下,补充道:"反过来,你也可以从吉娅那里学到很多东西,这一点我非常肯定。吉娅来自一个非常有趣的国家，那里有非常悠久灿烂的文化。"说完，他开口道别，将他们送出了办公室。

彼得回男生宿舍去了，吉娅则由莱特女士陪同，去了女生宿舍。珊迪已经在那里等着了，她热情地和吉娅打招呼。一切都被安排得这么井井有条，考虑得也如此周到，吉娅心里颇为震撼。

珊迪明显有中国血统，看上去比吉娅大两岁左右。吉娅一眼就喜欢上了她，尤其是她那爽朗的笑容。珊迪笑起来的时候，会露出大大的板牙，让她看起来有些好笑，也有些讨喜。

"因为我的牙齿，别人都叫我兔子。"珊迪笑着说，似乎注意到了吉娅的目光。看来这口牙并没有给她带来什么困扰。她使劲拥抱了一下吉娅，虽然吉娅还不太习惯，但是感觉还不错，因为觉得自己确确实实受到了欢迎。珊迪说："你能来真是太好了。我们肯定会一起玩得特别开心，彼此也能学到很多。"

接下来的几个小时，各种活动排得满满当当。珊迪带吉娅去了她们同住的房间。吉娅高兴极了，因为她可以和自己喜欢的人住在一起。

然后，她们一起打开了吉娅的箱子，把行李拿出来。珊迪向吉娅介绍了宿舍管理员阿姨伊戈太太，以及她们的辅导老师"好老师"——他其实有别的名字，但大家都叫他"好老师"，因为他的脾气总是特别好。接着，珊迪带吉娅参观了校园。

　　不管她们走到哪里，都会有同学主动打招呼，她们也挨个儿回复问候。珊迪看起来特别受欢迎，她向每个人介绍了她的新朋友。但大家都不说"你好"，而是说："认识你很高兴。最近过得怎么样？"然后不等吉娅回答就走开了。这样几次后，吉娅有些不解："为什么所有人都问我最近过得如何，却又对我的回答不感兴趣？"

　　珊迪哈哈大笑，露出了她的大板牙："这只是个问候语，不是真的在问问题。"

　　"哦——"吉娅在心里嘀咕，美国的礼节可真古怪……

　　她们在体育馆前遇见了一个高个子的金发男生。他神情冷漠，全身上下整洁得出奇。头发一丝不乱，显然精心打理过。头顶正中有一条发缝，分得笔直。吉娅不禁偷笑起来："发缝分得这么直，肯定需要用……"她很想把这句话说完，却想不起尺子的英文单词了。不过珊迪猜到了她的心思，马上补充说："尺子。嘻嘻……对了，他叫胡博特，是全校成绩最好的学生。我怀疑他从来不睡觉，整天没日没夜地学习。"

胡博特发觉有两个女生好像在议论自己，就从头到脚打量了一遍吉娅，看上去傲慢极了。吉娅盯着他的头发分缝，一下子又想到尺子，就又忍不住咯咯地笑起来。这下胡博特对她的最后一点儿好感也跑没影儿了。他猛然转过身去，招呼不打就走了。

"好家伙。"吉娅感叹道。珊迪笑了，说："他家很有钱，我猜家里给了他很大的压力。他学习勤奋得简直不可思议，在全校成绩最好，应该就是为了获得家里的认可。"

"那他也犯不着这么不客气啊。"吉娅说道。

"他可能只是没有安全感而已。"珊迪说出了自己的想法。

吉娅吃了一惊："你怎么还帮着他说话？他一看就是个讨厌鬼。"

珊迪严肃地说："对别人评头论足很容易，但我希望能看到所有人身上美好的那一面。谁知道呢？我们如果生在他的家庭里，就一定能和他不一样吗？"

吉娅很是惭愧。她想起了第三条准则——只说别人的好话，于是对珊迪说："我认识一位富翁，他教给了我很多东西。不久以前他还和我说，不要取笑别人。这样的话，你就会把注意力集中在别人的缺点和瑕疵上，而不是好的闪光的方面。我想，我刚刚又犯老毛病了。"

"你真应该和好老师说说这件事，"珊迪笑着说道，"他是你能想象得到的最善良可爱的人。"

"我对他也有相同的印象。"吉娅强调说，虽然她刚刚认识好老师。

珊迪继续说："有意思的是，好老师并不是一直都这样。他小时候应该是个人见人嫌的淘气包，后来却像变了一个人，他给了我很多很好的建议。"

"看得出来，这些建议你全都听进去了。其实你也很可爱啊。"吉娅说，"也许我们真的能学会如何养成可爱又可贵的品格，就像我们都可以学会理财。"她决心要和好老师聊一聊他"变身"的小秘密。

珊迪羞涩地笑着说："说到理财，我自己根本不会管钱，一个月的零花钱用不了两周就花光了。所以这方面我很需要你的帮助。"

吉娅若有所思地说："在你们这里，很多事情都不一样。不过在最重要的事情上，全世界似乎都是一样的，甜甜圈理论也许到哪里都适用。"

"甜甜圈？"珊迪问，"什么甜甜圈？"于是，吉娅向她解释了自己从甜甜圈外面的圈和中间的孔里学到的东西。

珊迪觉得这个比方好极了，她说："好棒啊！在那个圈上，你是我的辅导员；我呢，试着在它中间的孔上帮帮你。说起甜甜圈，我们现在也该去吃晚饭了。"

当她们走进位于主楼内的食堂时，里面已经坐满了学生。食堂里就餐的人很多，声音非常嘈杂，因为大家似乎都在聊天。她们往自己的餐桌走去，一路上有许多人同她们亲切地打招呼。吉娅心想，不管怎么说，大部分美国人还是很友善的。

令吉娅喜出望外的是，彼得已经等在那里了。他占了两个座位。热情地互相问好后，吉娅在桌边坐下，很小心地打量了一下周围：她的不远处就坐着好老师，别的老师也没有和学生们分开就餐，而是散坐在食堂里的各个角落。在吉娅的国家可不是这样。在那里，互相保持一定距离是尊重他人的标志；可是在这里，老师们却无拘无束地和学生们一起说笑嬉闹。

好老师向她露出了真诚的笑容。虽然珊迪说过，好老师已经有五十多岁了，但他实际上看起来要年轻得多。可能因为他总是笑吧，吉娅心想。

好老师热情地和她搭话："你觉得我们学校怎么样？"吉娅告诉了他自己看到的一切，还提到了这里与她的国家的不同之处。好老师听得特别认真，吉娅一开口就说个没完，甚至讲到了甜甜圈理论，还说她认为这个理论在两个国家都适用。

好老师被她的话深深吸引了。他显然很喜欢孩子，就像他很热爱自己的教师工作。他说："我很喜欢你刚才说的话。我想，能同时看到不同点与相同点很重要。虽然我们的国籍不同，但我们都是人。我们每个人都弥足珍贵。"

彼得吃惊地插嘴道："可我还是为自己是美国人而感到骄傲。我们才是最棒的。"

吉娅注意到，好老师并没有对彼得的话有任何轻蔑或不满的神情。他很认真地对待彼得，就像很认真地对待吉娅一样，这让她印象深刻。好老师在这一点上与金先生极为相似，尽管他们从事着截然不同的职业，过着截然不同的人生。他们都是那种第一眼就会让人喜欢的人；他们都拥有好的"甜甜圈圆孔"，培养出了优秀的品格。

好老师回答道："我们每个人都不是只有一种归属，而是至少有两种或者更多。"

"我不明白，"彼得说，"我就只是美国人啊，我不可能既是俄罗斯人也是中国人啊。"

吉娅也很想知道好老师的答案。只听他和蔼地说："你是美国人，这没错。但这只是一种归属感。此外，你还是世界公民，这是你的第二种归属。如果我们觉得自己只应该对一个国家承担责任，那就很容易引发争斗甚至是战争。而如果我们把自己视为世界公民，那我们就会学着相互理解，相互支持。"

"双重归属，"珊迪喃喃地说，"我很喜欢这个说法。这样我们就既能融洽地共同生活，又能保有各自的不同之处了。"

吉娅若有所思地点点头，问好老师："您刚才说，人类还有其他更多的归属，能举几个例子吗？"

好老师回答："我可以给你们举出很多例子。比如宗教信仰，它们的外在形式虽然大相径庭，但每一种宗教都是引人向善的。"

"如果说所有宗教都是引人向善的，那么它们之间为什么还会争执不断呢？"吉娅问。

好老师解释说："每种宗教都各不相同，甚至存在着极大的差别。它们仅仅在引人向善上是相同的。两个国家之间也是这样：如果我们过度关注不同之处，就会引发争斗；

相反，如果我们关注共同之处，那么就会萌生宽容和团结。"

彼得提出异议："可是世界上总是有宗教引发的战争和袭击。有些人还会把炸弹绑在肚子上，就是为了和对方同归于尽。"

好老师严肃地说："我不知道有哪个宗教会鼓励暴力和战争。所有宗教都规劝人们追求和平、富有同情心和助人为乐。但总是有人扭曲宗教、误用宗教，以此为暴力和战争辩护、正名。有些基督教君主就这样干过，那是为了发动十字军东征，为了对人拷打逼供；有些其他宗教激进分子也这样干过，那是为了引爆炸弹，为了制造混乱。"

珊迪若有所思地说："而且，正因为他们以宗教的名义做坏事，才会让有些人觉得宗教都是坏的。其实只是因为那些人是坏的罢了。"

"可以这么说，"好老师表示赞许，"无论如何，我认为如果没有那么多利己主义者和极端主义分子，这个世界会更美丽。话说回来，我们原本在说多重归属，你们还想知道其他的例子吗？"

"好呀！"学生们异口同声地喊道。

好老师继续讲下去："在这里，在加利福尼亚，我们加利福尼亚人热爱我们所在的州，也为此感到骄傲。在这里，很多事都与众不同。比方说，我们这里有演员和健美运动员出身的州长。这样看来，我们就有了第三种归属：美国最疯狂的州的居民。"

学生们在心里努力思索着他的话。吉娅早就发现这里的确有些特别，她来的第一天就感觉到了。

好老师接着说："我们还为我们的学校感到骄傲。它是全世界独一无二的学校。为了培养出优秀的学生，我们会孜孜不倦地去学习，去成长，去全力以赴。所以，我们为每一个学生都配备了辅导老师、学生辅导员，我们还会举办各种比赛，以发展学生的特殊天赋。我为里约·雷德伍德学校感到自豪，我深深觉得自己就是这所学校的一分子——这也是一种归属。"

同学们都非常赞同，因为这里的确有许多不同凡响之处。

这时，一位身材娇小的女士端上来一大碗巧克力布丁，这场严肃的谈话暂时告一段落。孩子们敞开肚皮吃着，惬意地谈天说笑着，吉娅真的感觉好极了。她悄悄对珊迪说："天哪，这里真是太棒了。这布丁……嗷呜，嗷呜……我最爱的甜点……嗷呜，嗷呜……"珊迪得意又开心地咧开了嘴，露出了她的大门牙。

吉娅对好老师产生了绝对的信任，所以，当她提出想约他单独谈话时，竟然没觉得尴尬。好老师马上答应了她的请求，就好像这再自然不过。他们约定，第二天下午课间休息时见面。

　　吉娅和珊迪一起回到了宿舍。吉娅心情太激动了，再加上时差的关系，她久久无法入睡。她连珠炮似的向自己的新朋友抛出问题，足足有几百个之多，而珊迪都耐心地一一作答。不知不觉中，她们都进入了梦乡。

第七章

好老师

第二天清晨六点整，吉娅就被宿舍管理员阿姨伊戈太太唤醒了。这根本不是吉娅平时起床的点儿，况且她的时差还没有完全倒过来。朦朦胧胧中，她做了一个美梦，梦见钱钱正亲热地舔着她的脸。"别舔了，不能舔！"吉娅嘟哝着。

"再不起来，就要用冷水浇你的脸了。"突然，吉娅听见一个严厉的声音，那肯定不是钱钱在说话。她慢慢清醒过来，睡眼惺忪地眨眨眼睛，只见伊戈太太站在她面前，正在拿一块湿毛巾给她擦脸，好让她彻底清醒。

吉娅惊得一下子坐直了身子，呆坐了好一会儿。她需要一点儿时间回想自己到底身在何处。当她听见珊迪的大笑声，看见她的大板牙时，一下子全明白过来了。没错，她现在是在加利福尼亚。天哪，太酷了！吉娅飞速地洗漱完毕，飞快地穿上衣服，因为真的快来不及了。

吃完美味的早餐，做完祷告后，一天的课程就开始了。暑期课程主要是帮助学生们发展爱好特长，吉娅选的课有演讲、网球和伦理学。

这些课程都是吉娅国内的学校没有开设的。而且她发现，学习这些特别有用。

吉娅唯独不太清楚伦理课上会讲些什么。不过，这门课由好老师授课，仅这么一个原因，就足够让她选这门课了。而且珊迪还和她解释过，这门课和甜甜圈圆孔有关。

每天的日程表都是一样的：上午学习固定的科目，下午自由活动。也就是说，下午的时间可以自由支配——除了最后两节劳动课。劳动课是所有同学必须参加的，每个人具体的任务则由宿舍管理员决定。吉娅上完网球课，又赶去上演讲课。因为一开始没找到路，她迟到了两分钟。

她立刻就感觉到：在里约·雷德伍德学校，迟到是很不受欢迎的。她当场就被菲利普老师警告了一次，并且被记了名。老师告诉她，每位同学都必须准时来上课，也要准时参加祷告。祷告活动在大礼堂早晚各一次。无论是上课还是祷告，迟到的人都要被记名。一旦被记了十次名，就得被罚去工作，而且整个周末都要工作。吉娅心想，每天有三次上课和两次祷告，也就是说每天就有五次被记名的机会，一不留神，很快十次就记满了。这也太夸张了！

菲利普老师观察着吉娅脸上的表情，仿佛猜出了她的心思。他问道："你觉得准时不重要吗？"

吉娅显得有些难为情："我还没仔细想过这个。当然，我大多数时候都想准时到的……"

"开始上课的时间是约定，也是协议。我们把它称作一种承诺，而你不应该违反承诺。"菲利普老师的语气很严厉，"我们之所以承诺，是因为你迟到了就会妨碍其他所有人，也意味着你并不尊重他们的时间。"

"哦，"吉娅说，"我还从没这么想过。"

菲利普老师继续说："和他人的约定也是一样，那也是一种协议。约定在某个时间到场，如果你迟到了，就是言行不一致，这样别人就会认为你不靠谱，还会觉得你不尊重他的时间。"

这些话虽然启发了吉娅，但她还是觉得太不留情面了。也许菲利普老师说得很有道理，可就算这样，她还是更喜欢好老师讲道理的沟通方式。

吉娅环顾这间教室，发现里面几乎坐满了——只剩下一个空位，紧挨着胡博特。胡博特就是那个发缝笔直的男生，很不讨喜。今天，他的发缝又分到了头顶正中，简直可以精确到毫米。吉娅站在那儿犹豫不决，而胡博特看上去也很不想和她同桌。

教室里所有的人都望着吉娅，等着她坐好。吉娅没别的选择，只好鼓起勇气笑着走到胡博特身边。胡博特赶紧往旁边挪了挪，想要离她远点儿，仿佛在向她示威似的。吉娅心想，这可真是开了个好头啊……

好在演讲课的内容弥补了与胡博特同桌的不悦。关于如何演讲，吉娅学到的东西太不可思议了，比如如何选择题目，如何搜集素材，如何搭建框架，以及各种演讲小技巧……实在太有趣啦！

最后，菲利普老师让吉娅站到教室前面，做一下自我介绍。她要告诉大家：她是谁，来自哪里，有什么爱好，以及她为什么选这门课。

一开始，吉娅非常紧张，接连说错了好几次。后来，她慢慢找回了自信。她说自己一直梦想着来加利福尼亚，她想学习如何更好地在他人面前演讲。以前，她还定期给孩子们举办以"智慧理财"为主题的讲座……

吉娅说完以后，同学们纷纷鼓起掌来，吉娅也感觉好极了。接着，菲利普老师问全班同学："你们觉得吉娅哪些地方讲得好，哪些地方还有待完善？"

　　话音刚落，几只手高高举起。吉娅万万没想到，同学们的点评竟然如此细致。从大家的发言中，她也学到了很多东西，知道了自己哪里做得好，哪里还需要改进。

　　等到没人再举手了，菲利普老师问："吉娅，你现在感觉如何？"

　　吉娅答道："很好！我之前还不知道，自己能做得这么好。而且，现在我还知道了自己在哪些地方还要加强练习。听到大家鼓掌，我开心极了。"

　　菲利普老师和全班同学都露出了善意的笑容。看来大家都是过来人啊，类似的场景肯定在课堂上上演过好多次了。

　　吉娅后来很快发现，演讲这门课一般是这样安排的：首先，老师会讲解一些新的知识；然后，几位同学会拿到一个题目，到全班同学面前演讲。吉娅觉得这是个绝好的方法。在别人面前即兴演讲当然很困难，但是这种训练非常有效。

　　让吉娅印象深刻的是，同学们能准确表达出他们的赞美和改进建议。那天她自我介绍完，在原地站了好半天，看到菲利普老师示意后才回去坐好。她刚一坐下，胡博特就不怀好意地厉声说："别妄想自己能赢。赢家只有一个，那就是我，明白吗？"

吉娅一头雾水，问他："你是什么意思啊？"

"别装傻了，"胡博特气冲冲地小声说，"你明白我是什么意思。我已经在演讲比赛的公示栏上看见你的名字了。"

吉娅这才想起那个演讲比赛，是领事馆的史蒂文斯女士替她报的名。她轻声对胡博特说："我不想和你争。我也觉得自己赢不了。"

胡博特边听边打量着她，然后声音尖厉地说："你当然赢不了，因为你刚刚表现得太差了。只不过大家考虑到你是新来的，不好意思说出口罢了。你讲得真是糟糕透顶，大家都是出于同情才给你鼓掌的。听到你的英语口音，我都快窒息了。反正你知道就好，赢的肯定是我。"

吉娅听了他这番话，被气得够呛，但她决心不与他争辩。这么争下去有什么意思呢？她心想：好像还有一点在每个国家都一样，那就是，哪里都有友善的人，也有不那么友善的人。不可能所有人都是友好的。不要总觉得别人在针对自己。有的人连自己都不喜欢，更谈不上去喜欢别人了。

下课时间很快到了，下一节是好老师的伦理课。正如吉娅预想的那样，这门课非常有意思，简直是妙趣横生。她简直等不及在午饭过后与这位亲切的老师见面了。

约定谈话的时间终于到了，好老师友好地和吉娅打招呼。吉娅马上把自己想要了解的东西告诉了他："我已经和您说过甜甜圈圆孔了，它中间的圆孔象征着我们的品格。金先生说过，要养成优良的品格，就要掌握七条准则。可我现在只知道其中的四条。"

好老师问："是哪四条呢？"

吉娅答道："我把它们都记在我的心得笔记里了。第一，对待他人要尊重、友善和谦虚。第二，不要陷入'公平陷阱'。第三，只说别人的好话。第四，为他人带来快乐，为他人付出，并且帮助他人。另外的三条我还不知道。"

好老师赞同地点点头："我觉得这四条准则都很好。也许你可以换一种更简洁的表述方式。"说完，他在黑板上写下：

1.友好亲和

2.承担责任

3.鼓励他人

4.帮助给予

吉娅觉得，这完美地总结了四条准则中的三条。唯独对于第二条，她还不太确定。于是，吉娅问："承担责任和不要陷入'公平陷阱'，说的不是两回事吗？"

好老师答道："其实是一回事，而且它们有着更深的含义。我很乐意向你解释一下。你知道，很多人在没能完成计划的时候，会怎么做吗？他们会直接把原因归于外部环境，或者说'都是谁谁谁的错'。这样的话，他们虽然有了借口，却失掉了自己的权利。"

"这和权利有什么关系？"吉娅问道。她想到自己也爱找这样那样的借口，比如今天上午迟到的时候，她就辩解过："因为我还不认识路。"

"有没有人阻碍过你实现目标？"好老师问。

吉娅立刻想到了胡博特，他可真是个讨厌鬼。她答道："有个男生说过，我的英语说得太差了，根本赢不了演讲比赛。"

"那你是怎么说的？"好老师追问道。

"反正我本来就很害怕参加那个比赛。现在我宁愿不去，因为我也觉得他说得对。"

"你看，我想说的就是这个。"好老师解释说，"这样一来，你就不会去做你想做的事，而是去做那个男生想让你做的事。那么你就会失去了你的权利。"

"都是他的错！我一看见他就泄气了。"吉娅抱怨道。

好老师微笑着说："你觉得错在谁，就是把权利给了谁。'责任'这个词里，隐藏着'答案'[1]。这一点有助于我们理解这个词。"

吉娅不解地耸了耸肩。好老师拿起一个橙子，问道："如果我用力地捏这个橙子，能得到什么？"

"橙汁。"吉娅答道。

"那如果我用脚去踩的话，又会得到什么？"好老师又问。

"当然也是橙汁。"吉娅笑了。

"那如果我开车轧过去呢？"好老师继续问。

"当然还是橙汁！橙子里流出来的肯定是同一种果汁啊。"吉娅说。

1　"责任"的德语 verantwortung 当中的 antwort，作为一个单词来看是"答案"的意思。——译者注

好老师点头表示赞同,然后解释道:"没错。即便你用锤子锤它,出来的也还是橙汁。换句话说,橙子并不在乎你怎么对待它,它流出来的总是橙汁。橙子给出的答案就是橙汁。橙子想给出什么答案,就给出什么答案,不管别人对它做什么都是如此。橙子不会说:'如果有人打我,那我就只流出清水来。'"

吉娅思索了一会儿,然后说:"您的意思是,不管别人怎么说,就算我英语说得这么差,我都不应该放弃演讲?"

好老师笑了:"你其实已经有了两个绝好的借口。你可以唠叨说:'我不能去参加演讲比赛,都是因为那个男生对我太刻薄了。而且我的英语水平又很差。明摆着我处于劣势嘛,这太不公平了。'这些你都可以当作借口,但这样一来,你也失去了自己的权利。"

"可我真的是处于劣势啊,这不公平。"吉娅反驳道。

好老师回答:"首先,你不能陷入'公平陷阱'。人生中很少有公平的时候。美国同学的英语口语当然比你强,因为这是他们的母语。你说你处于劣势,这没错。但你和别人比起来也有优势,那就是你学得比他们多。从来没有一模一样的人,所以在演讲比赛中,也从来不可能所有人都站在同一条起跑线上。人生也是如此。"

"人生也是这样的吗？"吉娅问。

"是的。"好老师解释道，"比如说，两个不同的人申请同一份工作，或者有着同样的目标，总是会有一个人具有某方面的优势，而另外一个人没有。这时，你就不能陷入'公平陷阱'，整天纠结于是否公平，而是必须担负起责任，专注于自身的优势。"

吉娅还从没有这么想过。的确，她以前总是喜欢关注自己做不成的事情，比如说不好英语，而没有去关注自己能做成的事情。她经历了很多，也学到了很多，因此拥有别人所不具备的优势。

吉娅又思考了一会儿，然后说："我想我现在已经懂了。我不能放任外部因素阻碍自己达成目标。不公平或其他借口都妨碍不了我。所谓'公平陷阱'，其实只不过是万千借口中的一个而已，要想达成目标，我必须承担起属于自己的责任。"

好老师欣慰地点点头，看得出来这场谈话让他乐在其中。他说："七条准则，你目前还缺少三条。下面，我想把我觉得尤其重要的三条告诉你：

5. 常怀感恩

6. 勤学不辍

7. 值得信赖

下次我再向你解释它们的具体含义。希望在此之前，你先好好思考一下，也和珊迪聊一聊。"

吉娅点点头，最后问道："您说，有朝一日，我真的能掌握所有这七条准则吗？"

"我很确定。"好老师解释说，"你知道吗，我小时候非常讨人嫌，没人喜欢我。有一天，我对自己说：'不能再这样下去了。'然后我就开始改变自己。而现在，我喜欢你们大家，你们大家也都喜欢我。如果我能做到，那么你们每个人也都能做到。当然，我还有个简单的小秘诀，能帮你掌握这七条准则。不过现在已经很晚了，你得回宿舍了。"

好老师的话给了吉娅莫大的勇气。她谢过好老师，回到宿舍。珊迪已经在那儿等着她了。

第八章

身处险境

吉娅向珊迪复述了自己与好老师的谈话。珊迪听完，十分仰慕地说："我长大以后，就要和这样的人结婚。"她高兴得大门牙都露出来了。

吉娅咯咯地笑着，正想打趣几句，却听见窗户边有一声响动。珊迪也听见了。两个小姑娘屏住呼吸，仔细听着。又是一声，这次她们听得更清楚了——似乎有人在往玻璃上扔小石子。珊迪跑过去打开窗户，探出头去。

起初她什么也没看见，因为外面黑乎乎一片。等到眼睛慢慢适应了黑暗，珊迪发现灌木丛的阴影下有人。于是，她轻声问道："谁在那儿？"

"嘘——"那个人让她保持安静。接着，一阵沙沙声传来，她们终于认出来，原来是彼得。彼得激动得不停挥手，示意她们下楼找他。吉娅和珊迪对视了一下，一起偷偷溜出了房间。她们得小心行事，千万不能让伊戈太太发现。因为到了这个时间点，是禁止女生们外出的。

吉娅她们轻手轻脚地溜到底楼的卫生间，从那里小心翼翼地翻出窗外。然后，又绕着宿舍楼跑了半圈，跑到自己房间的正下方。可奇怪的是，一个人也没有。两个小姑娘有点不知所措，互相看了几眼，开始小声呼唤起彼得的名字。还是没有人回应，只有死一般的寂静。她们真有些害怕了，周围太黑了。

吉娅突然感到一只手搭上了自己的肩膀，她吓得尖叫起来。

"嘘！我们会被发现的，女人真是麻烦！"有人在她耳边低声说。是彼得。他就躲在灌木丛里，一双红眼睛闪闪发光，看起来颇为诡异。

"天哪，你疯了！这么吓唬我！"吉娅火冒三丈，气得忘记了恐惧。

"现在不是和你们女人吵架的时候，"彼得压低了声音说，"快钻到灌木丛里！"吉娅两人跟了过去。她们行动得非常及时，因为附近露台上的灯马上亮了。随后门嘎吱一声响，有人走了出来。他们三个清清楚楚地看见，那是伊戈太太，她正紧张地向夜色中张望。

彼得偷笑道："她一打开灯，我们就能看见她，她却看不见我们。这个蠢女人！"

珊迪很生气："你敢再说一遍'蠢女人'，我就掐你了。"

"只要不咬我就行！"彼得故意气她，还指了指她的大门牙。

"真不知道我们为什么要跑出来找你，"珊迪愤怒了，"吉娅，走，咱们回去。"

"那样伊戈太太就会发现你们的。"彼得威胁道。他说得对，伊戈太太还在露台上站着呢。

"你到底为什么叫我们出来？"吉娅小声地问。

"因为我和一只兔子成了好朋友，"彼得解释道，"每天晚上我都会给它带几根小胡萝卜。它的门牙就和珊迪的一样大……"

"嗷——"彼得忽然叫出了声。原来珊迪说到做到，狠狠地掐了他一把。

"下次我就用嘴咬了！"珊迪威胁道，边说边磨动自己的牙齿，模仿兔子啃胡萝卜的样子。吉娅拽了拽他俩的胳膊。幸好他们立刻停止了争吵，因为现在情况不太妙：伊戈太太正探头朝他们的方向张望，然后一步步地走近他们藏身的灌木丛。

"蠢女人……"彼得嘟哝着，不过他很快就搞清了状况。"快离开这儿，"他尖声说，"快跟我走！"

彼得向灌木丛外爬去。吉娅和珊迪努力跟上他，也顾不上灌木枝叶刮擦她们的皮肤。他们终于爬了出来，来到空旷的草地上。伊戈太太虽然看不见他们，但能听见他们的脚步声。她用尖厉的嗓音喊道："站住！不管是谁，快给我站住！"

三个人拼命地跑，一直跑到体育馆附近的那片树林里。彼得跑在前面，两个小姑娘吃力地跟在后面。最后，彼得终于站住了，说："这下她肯定找不到我们了。"

珊迪很害怕，说："万一她真的找到了呢？"

彼得笑了："那我们就躲在你身后，伊戈太太一眼看过来会以为是只兔子。"

"你真是欠揍！"珊迪威胁道。

吉娅赶紧让他们俩别吵了。她悄声说："你们俩还有完没完？彼得，快告诉我们是怎么回事儿。"

彼得思索了一会儿，解释道："那个……我给兔子喂胡萝卜的时候，透过铁栅栏往外面看。就在这时，我听见墙外有动静。我虽然眼神不好使，耳朵却很灵。我发现一个男人正在墙外蹑手蹑脚地走。我认出了他。我敢肯定，就是他！"

"他？"珊迪问道。吉娅脸色顿时刷白。那次飞机上的危险经历，她快忘得一干二净了。而现在，她的心里猛地升起强烈的恐惧。吉娅告诉了珊迪之前发生的事情，然后问彼得："你确定是他吗？"

"我清清楚楚地看到了他的黑胡子。我绝对确定。"彼得回答，"他会想办法进学校的。"

三个人召开了紧急会议。到底该怎么办呢？他们很快在一个问题上达成了一致：黑胡子男人什么都干得出来。不过，也有可能是彼得弄错了，毕竟他视力不好，当时外面又非常黑。

"不信我带你们去看看。"彼得提议道。看到两个小姑娘都不相信他，他感到很气恼。尽管吉娅两人很害怕，但还是答应了。她们跟着彼得，轻手轻脚地朝装有栅栏的围墙走去。

几分钟以后，他们就来到了彼得说的地方。他的兔子还蹲在那里，等着吃小胡萝卜呢。彼得抱歉地对它说："不好意思，今天没给你带吃的。"兔子好像听懂了他的话，蹦蹦跳跳地走开了。

三个人猫着腰溜到墙边，紧张地向外张望。他们等了好半天，却什么都没听见，什么也没看见。也许彼得就是弄错了。

突然，他们听见了一些动静。外面有人在沿着墙根走！千真万确！吉娅脑海里猛地闪过一个念头：那不是正常的脚步声，是有人在拖着腿走路。而那次在飞机上，黑胡子男人放下毒可乐走开时，吉娅也听到了一模一样的声音。那声音她一辈子都忘不了。肯定是那个黑胡子男人！

吉娅示意大家赶快离开。他们跑回树林，尽可能不弄出一丁点儿声响。到了树林里，吉娅气喘吁吁地说出了她的判断。

"我就说嘛……"彼得哀叫着，"他还是来了！"

大家一时吓得大眼瞪小眼，都说不出话来。珊迪说："我们必须行动起来，不能等着他翻过围墙来抓彼得。黑胡子男人肯定又想绑架彼得。"

"他不只是想绑架彼得呢。"吉娅满心恐惧地想。不过吉娅打定主意，不把她从照片里获得的信息告诉任何人，毕竟她自己都怕得够呛。三个人凑在一起嘀嘀咕咕，思考着对策。

吉娅突然想到一个主意。她说："我可以给金先生打个电话，他肯定知道该怎么办。"她向两人解释了金先生是谁。

"可金先生现在不在这里，不在加利福尼亚，在几千千米以外的地方。他怎么能帮到我们呢？"珊迪质疑道，"我们最好去找校长斯诺顿先生，还得报警。"

"我们当然可以这么做，"吉娅说，"但我不确定他们是不是真能帮上忙。可是我百分之百相信金先生。金先生永远有办法。要是他在这里就好了。"

大家陷入了沉默，几分钟过去了，吉娅又想出了个点子：她要用放大镜看看那张照片，没准儿就能知晓黑胡子男人的计划。可是现在该怎么办呢？她又不能让彼得落单。到底该先去哪里呢？最后三个人一致商定，先回到女生宿舍，把这些情况向伊戈太太和盘托出。

他们小心翼翼地走出树林。刚一踏上草地，一道亮光突然打到他们脸上。三个人惊恐地抱成一团。

亮光晃得他们什么都看不见，心都跳到了嗓子眼儿。

吉娅豁出去了，喊道："滚开，王八蛋！你是抓不到彼得的！"

"你在说什么？"他们听见一个低沉的声音，好像就来自那片亮光里。

"瞧瞧，瞧瞧，这都是谁啊。"那个声音继续说道。珊迪和彼得如释重负，因为他们听出来了，是校长斯诺顿先生的声音。

珊迪长舒了一口气："太好了，是校长先生您啊。"

"我认为你们得好好解释一下。"伊戈太太用她那尖厉的嗓音说道。她一直跟着孩子们，最后还叫来了校长。手电筒的强光晃得他们睁不开眼，他们只能用手挡着脸，还好后来光束终于移开了。

"我们会解释的。"珊迪结结巴巴地说。

校长严厉地说："你们也必须解释清楚。我希望，你们能对自己的行为做出一个合理的解释。"

孩子们开始讲述刚才发生的事情。讲着讲着，他们就开始七嘴八舌地乱嚷嚷，伊戈太太只好不停地提醒他们，让他们别同时开口。

最后，校长和宿舍管理员阿姨终于弄明白，原来彼得现在的处境如此危险。

校长非常有决断力，他思索片刻便说道："彼得今晚去好老师屋里过夜，那里是安全的。我来报警，让警方派遣安保人员过来。你们两个小姑娘和伊戈太太一起回女生宿舍。"

他停顿了一下，又说："你们应该立即向学校报告的，擅自行动反而会让自己陷入巨大的危险，所以这次你们应该受罚。明早我们再说这件事。"

尽管吉娅很难为情，但她还是鼓起勇气，问校长可不可以给金先生打个电话。当然，她先解释了金先生是谁。校长考虑了几秒，然后说："好，到我办公室来吧。"

吉娅如释重负，和得到保护以后的轻松心情相比，对处罚的恐惧简直不值一提。而且，吉娅是真的盼着和金先生通话。

吉娅一走进校长办公室，就立刻拨打了金先生的秘密电话。电话通了，一个睡得迷迷糊糊的声音传过来。糟糕，吉娅忘记了：在她自己的国家，现在正是深夜！不过，金先生好像丝毫没有气恼，反倒非常担心。吉娅三言两语向他讲述了刚才发生的事情。

金先生请吉娅把电话交给校长。过了一会儿，校长把听筒还给了吉娅。只听金先生说："斯诺顿先生真是又能干又善良。他的应对策略相当正确。你们眼下是安全的。我明天晚上就到加利福尼亚。在这期间，你们千万不要擅自行动，尤其是彼得。答应我，你们要始终和其他人待在一起。晚上一定不要到外面闲逛！"

吉娅高兴地一口答应，心里欢呼个不停：明天金先生就要来这里了。这真让她喜出望外啊。校长把吉娅送回女生宿舍，伊戈太太和珊迪已经在那里等着她了。两个小姑娘很快就上了床。一阵强烈的倦意袭来，她们不一会儿就闭上眼睛，沉沉地睡去了。

第二天简直是度日如年啊。吉娅上课时很难集中注意力。晚上什么时候才到啊？她还一直害怕地往窗外看。也许那个黑胡子男人已经进入学校里了……

晚饭时，食堂里突然一阵骚动，孩子们一下子大喊大叫起来。吉娅还没弄明白状况，就感觉有东西扑到了她的背上，吓了她一大跳。紧接着，她耳边响起了汪汪声。吉娅瞬间听出来了：是钱钱！

吉娅欣喜若狂地抚摸着钱钱，紧紧拥抱着钱钱。然后她才注意到金先生。金先生正哈哈笑着，站在钱钱的身后。他说："我想，你这里可能需要一只聪明的警卫犬。"

吉娅被突如其来的惊喜冲昏了头脑，竟然都忘记了和金先生打招呼。她愣愣地说："我以为狗必须要隔离很久，才能入境美国呢。"

"原则上是这样，"金先生露出狡黠的微笑，"但我在这里有几位颇有影响力的客户，是他们帮着处理了这件事。"

吉娅开心地搂住金先生的脖子。金先生继续说："你还应该和这几位打个招呼。"

吉娅好奇地望过去，看见了她的堂哥马塞尔和好朋友莫妮卡。马塞尔说："我们觉得你可能需要帮助，而且我也一直想来加利福尼亚看看。说不定我能在这里开家分店。"

"你老是想着你的生意。"吉娅笑了，热情地和他们俩打招呼。

莫妮卡笑着说："马塞尔还想向飞行员推销他的面包派送服务呢。"

"可惜他住得太远了。"马塞尔叹口气说，"我得快些扩大市场规模。"

这时，吉娅想起了她在这里的新朋友，于是向他们介绍了珊迪、彼得和校长斯诺顿先生。如她所料，金先生和校长一见如故。吉娅靠在椅背上坐了一会儿，临时起意，决定一定要在成功日记里写上："我有很多好朋友，他们真心喜欢我，随时愿意帮助我。"

经过昨晚的惊心动魄，这是吉娅第一次感到了真正的安全和快乐。

金先生仿佛看穿了她的心思，说："我还带来了一些安保人员。没人能从他们身边溜过去。"

吉娅他们伸着脖子四处张望，发现几个穿深色西装的男人就站在门边，并不显眼。他们看上去十分严肃。

"哇，保镖！"彼得显得很懂行。

"他们将两人一组，全天候保护你们俩。另外，从昨天夜里开始，联邦警察已经对整个学校采取了安全措施。这都是校长的功劳。你们现在真的不必担心了。"

"天哪，我回家的时候有多少故事可讲呀。"莫妮卡畅想着未来，高兴得脸都红了。她最喜欢到处讲她自己的故事了……

大家都沉浸在欣喜当中，吉娅、珊迪和彼得都有好多话要说。时间飞一般地过去，必须得上床睡觉了。马塞尔和彼得一起住。校方在珊迪和吉娅的房间里为莫妮卡支了一张客人用的小床。最后，大家互相道了晚安。

这时，吉娅忽然注意到了一件奇怪的事：彼得和马塞尔长得特别相像，只不过彼得全身雪白……

第九章

好老师的秘诀

日子飞一般地过去了，他们再也没见到黑胡子男人，也再没听见他的动静。这也许是警方和保镖的功劳。现在孩子们不再害怕了，都很享受校园里的时光。

斯诺顿先生允许钱钱一直陪着吉娅。学校通常是不允许动物入内的，不过校长挤了挤眼睛，说眼下警卫犬大有用处。

马塞尔和莫妮卡获准与吉娅一起上课。他们在一起过得快乐极了，也学到了很多很多。吉娅的网球水平提升很多，公开演讲能力也越来越好。但她最享受的还是好老师的伦理课。

课余时间里，吉娅一直在学习那七条准则。令她意想不到的是，莫妮卡和马塞尔对此也很感兴趣。他们两个对好老师和珊迪印象深刻；金先生更不必说，他们在飞机上就已经熟悉了。耳濡目染中，大家都找到了自己的榜样。

珊迪想成为好老师那样的人，莫妮卡想像珊迪一样，马塞尔的榜样自然是金先生。吉娅则在每个人身上都发现了自己喜爱和欣赏的地方。不过，吉娅觉得自己与那位神秘的老婆婆最为亲近。但关于老婆婆，关于她送来的放大镜，吉娅没有跟任何人提起，连她自己也不知道为什么。

这天，吉娅、珊迪和彼得被叫到校长办公室谈话。大家都很害怕，担心即将到来的处罚。不过意外的是，谈话的结果令人愉快：校长听说了那七条准则的事情，决定让他们三个用一周的时间，每天都与好老师讨论其中一条准则。为此，他们每天下午三点都要去找好老师。等他们离开校长办公室，吉娅说："这儿的处罚真是太酷了。我好期待和好老师的谈话啊。"

珊迪和彼得也有同感。马塞尔和莫妮卡也获准加入了这个"学习小组"。

到了下午三点，好老师已经在等着孩子们了，还事先为每个人都准备好了七张卡片。吉娅他们好奇地翻看这些卡片，发现卡片上一片空白，都困惑地看向好老师。好老师解释道："我已经和你们讲过，我小时候是个讨厌鬼。那时候我成天满肚子抱怨，身边的人都受不了我。多亏了这七张卡片，我才改变了自己。它们是培养好品格的秘诀。"

孩子们没太听明白。好老师微笑着继续说："有一次，吉娅问我学习这七条准则的最佳方法。在我看来，使用这七张卡片再好不过了。请你们在每张卡片上写下一条准则，然后在这条准则下方写下对它的理解。接下来，你们就一整天都把注意力集中在这张卡片上。第二天再这样去研究另一张卡片，以此类推。"

马塞尔大声说出了自己的想法："这样一来，一周以后，我们就能把所有的卡片都过一遍。那么然后呢？"

"然后再从第一张卡片开始。"好老师解释。

"我们得这么学习多长时间呢？"莫妮卡问。

"直到这些准则百分之百地融入到你们的生活当中。"好老师建议道。

"那这到底需要多久呢？"莫妮卡刨根问底。

"你们要花多长时间，这我说不好，不过，我自己还需要五十年。"好老师笑眯眯地回答。

马塞尔在头脑里飞快地算了一下。好老师现在肯定年过五十了。再来个五十年，那时候他就……

"您的意思是，您一辈子都要学习这些卡片？"马塞尔渐渐明白过来。

"是的。"好老师答道，"这七条准则是我想要尽可能接近的理想。为了不断提醒自己，我每天都会看看这些卡片中的一张。"

珊迪问道："那您为什么不每天都把这七张卡片看上一遍呢？"

珊迪的学习热情让好老师很是满意，他笑了笑说："我当然也可以这么做。但遗憾的是，大脑在思考时总是走单行道，只能把注意力集中在一件事上。因此我决定每天只研究一张卡片。比如说，我今天只专注于第四张卡片，那么我一整天都在想，今天能为谁带去快乐，可以帮助到谁。"

吉娅翻开自己的心得笔记，把这七条准则记了下来。她说："那么明天您就会想，您有什么值得感恩的人和事。但还有一点我不太懂，您为什么用这种方法来学习呢？"

好老师微微一笑，好像早就料到会有人这样问了。他解释道："比方说，如果我们一整天都想着帮助别人，就会把'帮助'这个念头储存进潜意识里，让'助人为乐'变成自然而然的行为，慢慢融入我们的天性。最好的学习方法就是身体力行，从具体的小事做起。即便我第二天会有意识地关注下一张卡片，但是昨天的那条准则已经不知不觉间得到了强化。如此日积月累下去，这些准则就成了我的一部分。"

这番话深深地触动了孩子们，大家都决心采用这套方法学习。好老师对此深感欣慰。他让大家给每张卡片都写上标题，还发给他们七种不同颜色的彩笔。

大家用不同颜色的笔写下：

星期一：友好亲和

星期二：承担责任

星期三：鼓励他人

星期四：帮助给予

星期五：常怀感恩

星期六：勤学不辍

星期天：值得信赖

写完之后，每个人都感觉很好，仿佛刚刚开启了一项伟大而重要的事业。

这时，好老师也郑重地拿出了自己的卡片。孩子们注意到，那些卡片的背面也有字。莫妮卡问他上面都写了什么。他解释说："我在卡片正面下方写下对这条准则的理解。请你们五位也选定一条准则，展开思考，然后写下由此联想到的东西。明天我们开始讨论。"

"那背面呢？"莫妮卡继续追问道。

好老师说："我在背面记下了自己的特殊经历，与卡片正面的准则相对应。这样一来，我就能在脑子里把亲身经历和准则更深刻地联系起来。"

"那么关于感恩，您都写了什么？"彼得问。其他人都眼光锐利地看向彼得，因为他的问题太私密了。好老师却毫不掩饰地说："我很乐意和你们分享这个。上一周，吉娅刚到的那天晚上，我们俩进行了一次很棒的谈话。这次谈话让我意识到，我该无比感恩自己能在这里教书；另外，我还应感恩的是，我能把自己的想法告诉你们，而你们也有兴趣听。"

"可这都是些稀松平常的小事啊。"马塞尔并不满意。

好老师问："那么你有什么根本不想做的事吗？"

"当然有啊，除草！"马塞尔说。一想到这个，他就浑身一哆嗦。

好老师解释道："想象一下，如果你一整天都得除草，天天如此，年年如此……你觉得怎么样？"

"那简直太恐怖了！"马塞尔毫不犹豫地回答道。

好老师说："有太多太多的事，我们都应该心怀感恩，但我们平时往往意识不到，直到失去才后悔莫及。比如说，视力、听力和行走能力，我们往往对此习以为常。但当我们不再具备这些能力时，才会猛然发觉它们竟如此珍贵。"

"是啊。"彼得若有所思地说，"我视力不好，经常为这个发脾气，因为我老得戴着一副讨厌的眼镜，离了眼镜我几乎什么都看不见。可是，我很少为自己听力好感到高兴。"

珊迪接话说："很长一段时间里，我都很为我的大板牙而羞耻。但后来，我的朋友安妮得了严重的肌肉疾病，连咀嚼东西都很困难。我每次去探望她的时候，都感恩自己有这样的牙齿。"

好老师满意地点点头。他鼓励孩子们各自选择一条准则，用一整天的时间去思考它，明天来谈谈自己的理解。剩下的两条准则则由他亲自讲解。

马塞尔选择了"承担责任"；莫妮卡决定讲讲"值得信赖"，因为这对她来说尤其困难；吉娅选了"鼓励他人"；彼得选了"常怀感恩"；珊迪选的则是"帮助给予"。虽然珊迪一直在坚持帮助别人，但她总觉得，自己还可以做得更多更好。任务就这样分配下去，孩子们与好老师道了别。

第二天早上，马塞尔和彼得激动地冲进食堂，着急忙慌地要宣布一则新闻——两个小伙伴兴奋得简直要炸开了。原来，他们俩昨晚聊天聊到深夜，最后说起了各自的家庭。这是彼得的伤心事，因为他的爸爸妈妈已经不在人世了。

马塞尔问彼得还有没有他父母的照片。彼得说有的，然后拿出了照片。马塞尔才看了一张就惊讶得大叫：照片上的男人看上去像极了他的爸爸。说不定他们俩还是亲戚呢！

他们把这个发现告诉了金先生，金先生马上着手调查，结果得到了一个令人震惊的结论：彼得和马塞尔是堂兄弟！

但吉娅对此有点怀疑，她说："可彼得是美国人啊，这怎么可能呢？"

马塞尔太激动了，声音都变得又高又尖："我爷爷有三个孩子——你的爸爸、我的爸爸和埃尔娜姑姑……"

"快别提她！"吉娅连连叫苦。马塞尔不为所动，继续说："三个孩子长大以后，爷爷的第一任妻子，也就是咱们的奶奶，过世了。后来爷爷移民美国，又结了婚。他和第二任妻子又生了一个儿子，也就是彼得的爸爸。这样算来，彼得和我算是半个堂兄弟啊。"

马塞尔搂着彼得的肩膀，好像要保护他一样。马塞尔虽说一门心思扑在生意上，但也很看重家庭。两个男孩看着吉娅，静待着她的回复。而吉娅呢，不停地来回打量着彼得和马塞尔。

没错，吉娅早就发现了，他们俩真的长得特别像。马塞尔简直等不及了："你懂了没有？"

"听懂了，你们俩是亲戚。"吉娅怔怔地说。

"不，不只是我们。"彼得说。

吉娅迷惑不解地看着他："那还有谁？"

"天哪，"马塞尔提醒她，"你是我堂妹，而彼得又是我的半个堂弟，那么……"

吉娅猛地回过神来，大叫道："对啊！那彼得也是我的堂弟了！"

"你可真是思维敏捷！"马塞尔挖苦她说。彼得的红眼睛一直满怀期待地看着她。但吉娅显然还没有从震惊中缓过来。过了好半天，她才对彼得说："堂弟，你好。"

这下彼得心满意足了，尖叫着回答："堂姐好！"然后，他又郑重其事加了一句："现在我又有家人了。真是太好了！"

金先生在一旁默默地听着，看起来容光焕发。显而易见，当别人快乐时，金先生也感到非常快乐。这个饭桌上的新闻飞快地传了开去，其他孩子也都知道了，大家都变得异常兴奋。

但就在这时，铃声响了起来，催促着孩子们去上第一节课。大家不情不愿地离开了食堂。还有好多话没说呢……

网球课上，吉娅很难集中精神，她的好朋友们也是如此，老师不得不几次出言提醒。可即便这样，他们还是常常接不住球。

接下来是演讲课。今天轮到胡博特了。他走上讲台，开始演讲。他从吉娅身边经过时，脸上挂着一抹不可一世的微笑。吉娅收起了忌妒心，心甘情愿地承认他确实讲得挺好。"不对，"吉娅纠正自己，"不是挺好，是很优秀。"

吉娅垂头丧气地坐着，觉得胡博特比自己讲得好太多了。"跟他比起来，我一点儿胜算也没有。"她懊恼地想。

下课后，菲利普老师找吉娅谈话，问道："你看起来闷闷不乐的，怎么了？"

吉娅回答："我太沮丧了，胡博特真的好厉害，我根本不可能在演讲比赛上胜过他。"

菲利普老师很严肃地看着她，说："即便这样，你还是可以为他鼓掌啊！"

吉娅十分羞愧，结结巴巴地说："是……是的……我本来应该这……这么做……做的。但是我太沮丧了，毕竟胡博特对我太刻薄了。"

菲利普老师并没有理会她的辩解，他说："你得学着去承担责任，也就是说，你要专注于自己能做成的事情。与其沮丧地关注别人的成绩，还不如想办法提升自己。"

吉娅想了想，然后说："我一直尝试着不关注自己做不成的、不知道的和没有的事情，而是更多地关注自己能做成的事情。但这样做真的很困难。我想，您刚刚说的也是这个意思吧？"

菲利普老师点点头，补充说："如果你想提升自己的成绩，就得把注意力放到自己能做成的事情上，努力去寻找能自我提升的方法。"

"可我能做些什么呢？"吉娅问。

菲利普老师答道："你现在其实已经开了一个好头。你并没有直接放弃，而是选择向我求助，这就对了。"他稍作停顿，又继续说："我不能再帮助你什么了，那样对其他同学来说，比赛就不公平了。但你可以向一位真正的高手求助。她叫安妮。安妮去年的演讲特别精彩，最终赢得了比赛。"

"我能去哪里找她呢？"吉娅赶紧追问。

"可惜她已经不住在学校里了。"菲利普老师回答,"她病得太重了。不过,也许校长会允许你前去探望。我也是这么建议胡博特的,可他觉得自己没必要找她取经……"

吉娅衷心谢过了菲利普老师,飞快地跑去校长办公室,请求他允许自己探望安妮。校长十分痛快地批准了这个请求。校长说,他很喜欢安妮,为她的不幸遭遇感到难过。他还答应帮吉娅约好一个时间,去拜访那位生病的姑娘。

下午,吉娅他们聚在一起,你一言我一语地讨论着那七条准则。珊迪冒出了个绝妙的主意:她提议大家互相帮助,一起交流对每条准则的看法,然后完成卡片。

彼得第一个提出异议:"可是好老师说了,每人都应该自己写一张卡片。"

"但我们为什么不能互帮互助呢?每个人仍然负责自己的那张卡片啊。"珊迪很坚持。其他人也表示赞同。三个小时后,五张卡片上的文字都拟好了。大家一致认为,单靠自己不会做得这么好。互助合作让他们收获了更多的经验与知识,每条准则的下方都搜集了好多信息。他们带着成果去见好老师,而好老师已经煮好了热巧克力,准备好了甜甜圈。

"因为甜甜圈有象征意义嘛,"好老师很是得意,笑着说，"毕竟甜甜圈的圆孔巧妙地象征着我们的内在，也就是品格。"

吉娅觉得，这些甜甜圈真美味，都快赶上哈伦坎普太太做的了。这些"象征"很快被吃得一干二净。好老师首先朗读了他的卡片，因为星期一是一周的开始。

友好亲和

- 我衷心希望，别人和我过得一样好。

- 我不愿伤害任何人。我会克制自己，不介入任何争端。

- 我谦虚有礼，尊重他人。我不必永远占理。

五位学生大受启发，他们觉得老师写得很全面。

好老师谦逊地说："我求教过很多人，也思考了很多年。"

吉娅有个问题："可如果别人一心要和我吵架呢？那我就无法继续保持友善了，不是吗？"

好老师说："我想给你们讲个故事。曾经有一位年迈的大师，被一位年轻的武士挑衅和冒犯。这位大师耐心地忍受着武士所有刺耳的辱骂，最后武士自觉没趣，就离开了。大师的徒弟们对此很不理解，想知道大师为什么不反击。大师问：'如果别人想送你们一件东西，你们却不收的话，那么这件东西会归谁呢？'

"徒弟们回答：'当然还是归那个送东西的人。'

"大师说：'愤怒与仇恨也是如此。如果我们不去领受，它们就还在别人那里。'"

吉娅他们听得专心致志，珊迪说："这就是指'不介入任何争端'吧？如果我们不去领受恶意，那么它就还是留在别人那里。"

好老师点头同意。马塞尔感叹道："唉，这可难喽。"

吉娅说："只要还有胡博特这样的人，这一点就很难做到。"她说起了这个发缝笔直的高个子男孩，以及他傲慢又伤人的举动。

马塞尔说："如果不是赶上星期一，赶上'友好亲和'的主题，就可以揍他脑袋一拳了。"

好老师正色道："友好的力量比暴力更强大。要始终友好亲和地对待别人，这样别人就会觉得为难你们并没有意思。如果他还想继续找碴儿，离他远点儿就是了。"

吉娅想起了史蒂文斯女士，美国领事馆里的胖女人。她们俩曾恶语相向，起了争执，可后来吉娅道歉了，这位女士因此大受感动，从那以后就真心实意地帮助吉娅。"也许友善真的比争吵更强大。"吉娅想。

他们各自在卡片正面做好记录，并在下方写下了这个不愿"介入争端"的大师的故事。在卡片背面，吉娅还记下了她与史蒂文斯女士的事。

现在，他们欣喜地感受到卡片确实起了作用。好老师问大家，今天是否就到此为止了。大家却一致决定，还要再讨论一条准则。

星期二的主题是"承担责任"。马塞尔读道：

承担责任

- 遇事我能自己做出决定，能自己判断在什么情况下该做出何种反应。我不会陷入"公平陷阱"，而是专注于我能做成什么、知道什么和拥有什么。

- 当我把责任推卸给别人时，也把权利交给了对方。

好老师鼓掌表示赞同。他对马塞尔大加赞美，弄得马塞尔都有些不好意思了，他说："这是我们大家一起努力的成果。吉娅把和您的谈话讲给我听了。单靠我一个人是绝对写不出来的。"他补充道："我提议，把橙子的例子也写在卡片上。"

好老师一头雾水："什么橙子？"

吉娅接过话头说："嗯，就是您和我讲过的，'橙子想给出什么答案，就给出什么答案，不管别人对它做什么都是如此'。"

好老师哈哈大笑，说："你们真有心，我真为你们骄傲。"其他人也记下了马塞尔刚才的解释。好老师说："今天我们迈出了关键的第一步。我提议，咱们明天再继续讨论。"孩子们起身告辞。吉娅急着要走，因为她今天约好了去安妮那里。生病的安妮正是去年演讲比赛的获胜者。

第十章
七条准则

　　金先生要去参加一个商业会谈，会途经安妮的住处，就顺道把吉娅送了过去，等晚些时候再来接她。为了安全起见，吉娅由两名保镖全程陪护。

　　吉娅按响门铃，然后被领进了客厅。见到安妮的一瞬间，吉娅心中升起一阵强烈的恐惧。吉娅虽然早就知道安妮生病了，但并不知道她到底病得有多么严重。

　　安妮坐在轮椅上，双手被绑在扶手上，脑袋也被固定在支架上。吉娅害怕地看着她。

　　安妮当然察觉到了吉娅的目光，她声音微弱地说："我是安妮，你就是吉娅吧。校长斯诺顿先生和我说起过你。是不是觉得我这副模样看着有点儿夸张？别担心，我感觉还好。"

吉娅压根儿就不相信安妮的话，但还是勇敢地挤出一个微笑，问道："你得了什么病？我可以问一下吗？"

"当然可以。"安妮表示理解，"我得了非常罕见的肌肉疾病，无法活动，话也说不太清楚，但我一点儿都不疼。"

吉娅同情地看着她，心想：天哪，身体健康就是福分啊。我以前可很少意识到这一点。

安妮催促吉娅道："我没什么力气了，不能聊太长时间，咱们快进入正题吧。我听说，你想知道怎样才能赢得演讲比赛。"

"对，没错。"吉娅回答，又立马补充说，"如果你感觉不太舒服，我们可以下次再聊。"

"不，不用，现在就可以。但我不知道自己能否帮到你。你已经在菲利普老师的演讲课上学到好多了。"她考虑了一下，向吉娅建议道："或许你可以对着我做个简短的演讲，这样我就能清楚你的优势和劣势了。"

这个建议完全出乎吉娅的意料。但她能感觉到，安妮是真心实意想要帮自己，所以她克服了腼腆，做了一段几分钟的演讲。演讲围绕着钱钱和吉娅的工作展开，她讲到自己如何通过遛狗来赚钱，如何合理分配收入，如何进行投资。演讲结束，吉娅充满期待地看着安妮。

安妮说："你讲得真的很好。听众能感觉出来你讲的就是自己的亲身经历。

"我觉得这才是最重要的。演讲就不该说些言不由衷的话。演讲时能把个人的经历加进去，这一点非常关键，会立刻拉近演讲者和听众的距离。"

吉娅很感谢安妮的夸奖，她思考了一会儿，然后说："可是我们在演讲课上学的技巧呢？一上台演讲，我就把大部分技巧丢在脑后了。等演讲完了又开始生自己的气——我用到的技巧太少了。"

安妮轻轻地笑了起来："把那些技巧全忘了吧，至少在演讲比赛的时候。"然后她认真地补充说："千万别总想着你要赢，也别去想要时刻保持形象。你只需要专注于和听众分享，分享那些对自己来说真正重要的事情。"

吉娅有些不解："我还以为，要尽可能地让演讲完美无缺呢。"

安妮回答道："恰恰不能这样！完美的演讲往往听起来不真实、不真诚，还不如就和听众聊聊你自己，聊一些能让他们过耳不忘的事。"

"你能举个例子吗？"吉娅问。

"我可以跟你说说我的情况。"安妮说，"就在演讲比赛前几周，我得知自己生病了。每个人都很可怜我，大家几乎都不敢和我说话，因为不知道该怎么对待我。"

吉娅同情地看着她。她回想起第一眼看见安妮的情景，当时自己是多么手足无措啊。

"我本来打算讲讲环保问题。这肯定是个好话题。但现在我有更重要的事情要讲：我不想让大家因为我而悲伤。于是，我说出了内心的想法，希望大家对我有一个美好的回忆。我知道自己不久就会死去。一开始，我觉得这很不公平。我很想恢复健康，再活上许多年，可现实就是现实。"

吉娅吃惊地看着病中的安妮。她居然谈起了自己的死亡，而且还如此淡定。真是太不可思议了。

安妮继续说："我告诉大家，我很感恩自己感觉不到疼痛，也很感恩自己能拥有这么多美好的回忆。然后，我也请大家想一想，他们会因为什么事情而心怀感恩……"安妮显得精疲力尽，只得停下来休息了一下。

吉娅一直在思索着安妮的话。安妮恢复了一点儿力气，又接着说："说到底你得注意三件重要的事情。第一，讲你真心想说的话。第二，呼吁你的听众做些具体的事情。如果一场演讲不能让人立刻付诸行动，那它就是在浪费时间。"

"那我该怎么克服紧张情绪呢？"吉娅问道。

安妮答道："对，这就是我要说的第三点：忘记你的面前有很多人，只把注意力放在你熟悉或喜欢的两三个人身上。你可以轮流看着他们，就像是只和他们聊天一样。这样你很快就不紧张了。"

安妮开始咳嗽起来。一口气讲了这么多话，她体力有点跟不上了。吉娅担心地看着她。安妮说："现在我得躺一会儿，那样会感觉好一点儿。别担心。我很高兴能和你聊聊。好好想想我们刚才说的话。你愿意的话，我们还可以在比赛之前练习几次。"

吉娅很感激安妮的提议，不由自主地拥抱了她。吉娅打心眼儿里喜欢安妮，而且着实钦佩她。然后她们就匆匆道别了。

接下来的几周过得飞快。有那么多的事情要做：他们五个要上课，还要定期约见好老师。闲暇时间，他们就凑在一起玩耍，讨论讨论那七条准则。

每隔三四天，吉娅都会去探望安妮。两个小姑娘很快结下了深厚的友谊。吉娅写出了一篇演讲稿。演讲稿里都是吉娅的肺腑之言，对她来说意义非凡。她也学到了，无论演讲稿多么严肃真诚，也得多加练习。没有比安妮更好的教练了。

在这期间，他们继续和好老师讨论准则，并在卡片上做好记录。等到第二次去见好老师时，大家一起讨论了第三条和第四条准则。

鼓励他人

- 我只说别人的好话。如果没有好话可说，就什么都不说。

- 我尽量不批评别人。如果非批评不可，也要礼貌而友善。

- 总是关注别人的优点和好的一面。

他们还在最后写下：

> 若看见光，你便是光；若看见尘，你便为尘。

吉娅发现，关于如何遵循这条准则，她身边就有许多优秀的榜样——珊迪、好老师和金先生。每次和他们聊完天，吉娅都会觉得心情舒畅许多。她把这种感受说了出来，好老师肯定了她的观察，并且提议道："当你不确定该如何遵循这条准则的时候，就想一想那些榜样，然后问问自己：'如果是这个人的话，他会怎么做？'这样你就能立刻做出正确的选择。"

五个人在卡片背面写下了各自的榜样。莫妮卡暗暗松了口气，因为这下马塞尔和吉娅不会再取笑她了，这让她觉得第三条准则特别有意义。接着，大家又讨论了第四条准则：

帮助给予

- 我希望遇到的每个人都能一切顺利。

- 我送给别人礼物，只是为了表达我对他的喜爱。

- 最美好的事情莫过于帮助他人。我总是在想能够帮助谁，没有比这更让我感到幸福的了。

他们又接着记下：

我难过的时候，就会想自己可以帮助谁，

我可以给谁带来快乐。

这样我自己也就马上快乐了许多。

五个人学完这条准则后，思考了整整一个下午他们都可以给谁带去快乐。最后，终于想出了两个点子。

他们先是为好老师制作了一张大幅海报，海报上写了硕大的一行字：

给全世界最好的老师

在那行字的下面，他们还贴上了各自的相片。这时，珊迪又有了个想法，她说："好老师的屋子看起来得好好打扫了。整理整理房间可没什么坏处。就下个星期天吧，我们去帮他收拾得干干净净，你们说怎么样？"

这个建议得到了大家的热烈响应，就连马塞尔和彼得也举手赞成，尽管这两个人根本不爱打扫卫生。

他们把海报送给好老师。他非常高兴，当即把海报挂在写字台的上方。"这样就能一直看见它了。"他说。然后大家交给好老师一个信封，信封里是一张"大扫除券"。过了好一阵，好老师才明白过来这件礼物的用意。他有些尴尬地打量着客厅，嘟哝道："哦，哦，是啊！这里的确不是什么整洁有序的典范。以前还有人帮我做清洁，不过她已经搬走了……"然后他脸上焕发出光彩："哎，那可真是太好了！又可以有个干干净净的家了。"

下个星期天到了，尽管大家忙得四脚朝天，但都乐在其中。特别是好老师家里有一套高级的音响设备，能播放很棒的音乐。最后，当他们五个拖着疲惫的身子去吃晚饭时，心里又自豪又快乐。大家一致赞同：予人玫瑰，手有余香啊。

第二个点子实现起来稍微有点难度。吉娅有次探望安妮的时候，得知她很想去一次迪士尼乐园。但路程太遥远了，而且坐汽车会让她过于疲劳。

他们五个苦思冥想，想着如何为安妮妥善安排，但总有一些困难难以解决。最后，他们决定求助金先生。

金先生不愧是位"宝藏"先生。他马上想到了一个计划，并立即投入行动：钱钱、他们五个和安妮可以一起搭乘他的私人飞机前往洛杉矶。另外，他还雇了一名医生和一名护士来看护安妮。但这其实没什么必要，安妮快乐极了，精神状态一直都非常好。

安妮除了在途中不得不小憩了两次，其他时候都是由朋友们推着，逛遍了所有她想去的景点。旁人都几乎认不出来安妮了，她满脸都熠熠生辉。

这次旅行的高潮终于来了，那就是海豚和鲸鱼表演。安妮最喜欢看了。遗憾的是，偏偏这时发生了一个不愉快的小插曲。几个粗鲁的男孩讥笑起安妮来，安妮察觉到了。钱钱朝着那群男孩怒吼，他们就去了水池的另一边。

安妮看起来很难过。好在这时候表演开始了，大家也就暂时把这一幕抛在脑后。可钱钱一直记着呢。当一头虎鲸把头靠在水池边上时，这只拉布拉多犬跑了过去，朝它轻轻吠叫了几声，鲸鱼发出了几声尖叫，钱钱接着回叫了几声，就这样一来一往，好像这两只不同的动物在聊天似的。

然后，神奇的事情发生了：鲸鱼滑回水池，不停地绕着圈游，游得越来越快。紧接着猛地跃出水面，又扑通一声落了下去。巨大的水花喷溅开来，打在了刚才嘲笑安妮的那几个男孩身上。

他们坐在座位上，全都被淋成了落汤鸡。好像这还不够似的，虎鲸又用尾鳍扫起了一大波水花，径直浇向了他们。观众们都被逗得捧腹大笑，除了这几个男孩。这下子他们兴致全无，骂骂咧咧地溜走了。吉娅和朋友们当然特别开心。他们兴高采烈地为鲸鱼鼓掌，钱钱也兴奋地叫个不停，而鲸鱼再次发出尖锐的叫声回应它。孩子们简直想向上帝发誓：这两只动物是真的在笑……

这真是一段难忘的经历啊！回去的路上，安妮说："这是我人生中最美好的一天。我要感谢你们所有人！"然后她就幸福地沉入了梦乡。

安妮的快乐也感染到了他们，让他们觉得这次旅行越发美好了。

第二天，大家继续讨论第五条准则：

常怀感恩

- 常怀感恩之心，哪怕是对那些寻常小事。

- 遇到困难时，想一想值得感恩的事。

- 对身边的人怀有感恩之心，有意识地享受和他们在一起的时光。

他们又记下来一点：

幸福之人的秘诀在于认识到：

刹那皆奇迹，心中常感激。

彼得说："我很感恩，我没有像安妮那样生病。"其他人瞪了彼得一眼，都觉得他这么说不合适。

可是好老师马上说："我觉得，我们所有人都能从安妮身上学到很多很多。和你们待在一起，对安妮也很有好处。每次见到安妮，你们都会受益匪浅：你们会意识到，自己现在过得其实已经很好了。"

"是的。"马塞尔说，"我好多时候根本想不到这一点。可见到安妮以后，我每向前迈出一步，都觉得非常开心。"

莫妮卡也说出了自己的心声："虽然这么说有点儿难为情，但每次见到安妮，我心里都很不好受。她真是太可惜了。她是一个多么美好的女孩子啊。真是不公平。"

"是的，我也是这么想的。"好老师附和道，"我想，没有人会对她的不幸遭遇无动于衷。每次见到安妮，我也有很多问题自己无法解答……"

好老师接着补充说："人生中有很多事是我们无法解

答的。有时候苦思冥想也无济于事。所以，我们必须振作起来，面对命运的安排，做最好的自己。安妮现在就做得很棒了，我们能从她身上学到很多东西。有了我们的陪伴，也会对她有所帮助。"

大家都若有所思，颇为安静地坐了一会儿。他们都觉得这条准则十分"深奥"。好老师建议，过几天再来学习下一条准则。

吃晚饭的时候，金先生带来了一个消息。他十分牵挂安妮的病情，问遍了朋友和熟人这种罕见病是否真的无药可救。一圈寻访下来，结果令人气馁。他总结道："其实，很有可能有位俄罗斯医生已经发明出了治疗这种可怕疾病的药物。"他的神情黯淡下来，继续说道："但他还没来得及把研究结果发表出来，就突然离世了。真是太令人绝望了。"

吉娅还没见过金先生情绪如此低落。他在自己的包里摸索着，说道："我甚至还找到了这位医生的一张照片，但这似乎也无济于事。"

吉娅蓦地请求道："我可以看一眼这张照片吗？"金先生把照片给了吉娅，是他从杂志上剪下来的。这时候钟声响起，他们几个必须去做晚间祷告了。匆忙中，吉娅忘记把照片还给金先生。

回到房间以后，吉娅想起了那张照片，她从口袋里把它掏了出来，好奇地细细端详。照片里的人活像阿尔伯特·爱因斯坦，一副心不在焉的样子。照片下方有几行字，吉娅却看不太懂。这时，她想起了那个放大镜。

吉娅立即取出放大镜，想把它举到那几行字的上方。她刚要举上去，胳膊肘不小心撞到了椅子扶手，吓了她一跳，疼得她松开了手。放大镜掉落下来，正好落到照片上。吉娅揉着被撞疼的胳膊肘，忽然听见脑海里响起说话声。

吉娅惊恐地看向那张照片，照片上的人脸动了起来。这时，吉娅才猛然想起："我完全忘了，这个放大镜可以让我听见照片上的人说话……"她好奇地倾听着脑海里的声音。

只听那位医生说："哎哟，哎哟哟，我的心脏……我来不及写了……功夫全都白费了。其实很简单……只要给病人……"

接下来是一串吉娅听不懂的话。幸运的是，这位医生吐字缓慢而清晰，而且重复了好几遍。吉娅把听到的话全都记录下来。当然，她完全不明白这些话的意思，不过也许有人能从中理出头绪来。这一晚，吉娅兴奋得久久无法入睡。

第二天一大早，闹钟还没响，吉娅就醒了。她已经很久没有这样过了。吉娅迫不及待地去见了金先生，把那张记有陌生词汇的纸交到他手上。

金先生满脸疑问地看着吉娅。吉娅一下子涨红了脸。她完全是一时冲动，压根儿就没去想该怎么说明情况。吉娅不想撒谎，也不想胡编乱造。终于，她定了定神，开口说："我现在不能告诉您我是在哪里找到了这些古怪的文字的。但它们可能和治好安妮的药物有关系。"

金先生诧异地接过那张纸，说道："嗯，有些事你不能告诉我，我很尊重这一点，因为我自己有时也有秘密。"

吉娅立刻感觉好多了。很显然，金先生在同自己的好奇心作斗争。她没有料到的是，金先生竟然对她这么认真又尊重。吉娅长舒了一口气，不禁想到，要是所有大人都这样就好了。随后，吉娅该去上第一节课了。

演讲课正上着，金先生突然闯进了教室。一定是出大事了。孩子们看到他脸上灿烂的笑容，就知道肯定有好消息。金先生扬起手中的纸条，高声说："这上面是一个拉丁文公式，我把它给梅奥医院的院长看了。那里正好在举行会议，肌肉疾病领域的顶尖专家们都在场。虽然还有待进一步研究，不过他们的初步意见是：这很可能是一种药，它能治疗……"

吉娅欣喜地大叫起来，声音大得盖过了金先生的话。菲利普老师向她看去，一脸询问的神情。

金先生赶忙说："能治愈安妮的药，有位俄罗斯医生很可能已经发明出来了，马上就可以进行第一轮测试了。"

这一来，继续规规矩矩地上课是不可能了。班里所有人都认识安妮，都衷心希望她可以早日康复。吉娅恨不得马上能飞到安妮身边，告诉她这个好消息。然而，金先生和菲利普老师让吉娅再等等，等药物测试的结果出来后再说。安妮不应该过早地抱有希望，那样失望会更大。

全班同学都必须保证，要对药物的事情守口如瓶。对每个人来说，保守秘密并非易事，不过大家还是守住了诺言。

梅奥医院的科学家们开始了药物测试。一天，两天……吉娅和朋友们每天都在焦急中等待着。终于，第一个中期测试结果出来了：一系列动物实验表明，患病动物的病情的确有所好转。目前，第一批人体测试正在谨慎推进当中。

在这期间，他们五个还是定期与好老师见面，一起学习了最后两条准则。第六条准则是：

勤学不辍

- 骄傲自满会让我们停止学习，因此要时时保持谦虚。

- 我要读好书，坚持写成功日记和心得笔记，还要尽可能多地向他人学习。

- 不与他人比较，尽自己所能做到最好。

接着，他们继续记下了一点：

我将永远学习，成为我能够成为之人。

好老师对他们解释说："眼下你们每个人都遵循了这条准则。这一点我尤为欣赏。你们总是想着要学习新东西。但你们可别忘了，学无止境。一辈子都是如此。"

"您现在还要学习吗？您真的还有进步的空间吗？"珊迪惊讶地问。从珊迪的表情就看得出，在她心目中，好老师已堪称十全十美了。

好老师立刻让她打住，别去这么想："一天不学习，这一天对我来说就不是完整的一天。有位音乐家曾说：'一旦自以为尽善尽美，就会开始老调常弹。'也就是说，人生应当永远保持活力。而只有坚持不懈地学习，我们才能始终保持活力。"

吉娅也由此想到，自从学会了赚钱和理财，她的生活变得多么富有活力。她的朋友们也有相似的经历，而现在他们又一同经历着新的冒险：这一次，是结伴探索了一个陌生的国度，学习了有关甜甜圈圆孔的七条准则。他们一致同意，学习是一件很酷的事。

而第七条准则也不简单：

值得信赖

- 习惯决定成败。

- 当我自律时，相较于那些更有天赋却懒惰的人，我能获得更多的成功。

- 守时，信守自己对他人的承诺。

等莫妮卡读完卡片上的字，吉娅还想补充一点。她提议："我们还可以写，我们每个人头脑里都有两个人：有一个矮人，他总是想引诱我们打破原先的计划；还有一个巨人，他总是要求我们要信守自己做出的承诺。"

"我脑袋里住着一个矮人和一个巨人？"莫妮卡不解地问。其他人都大笑起来。

吉娅解释说："这是个帮助我们思考的比方，是金先生想出来的。他总是说：'不管发生什么，我们身体里总是有两个声音，就好比在你肩膀两头各坐着一个人，一个是矮人，一个是巨人，不停地在对你耳语。'"

彼得问："是像这个样子吗？"他飞快地在纸上画着，一个人出现了，他的肩膀两头各坐着一个巨人和一个矮人……画得可真好啊！大家都赞叹不已。

莫妮卡盯着彼得的画，渐渐明白了这个比方的含义，她说："每当我写作业的时候，内心确实有两个声音，一个说：'嘿，你今天晚上再写也行。'另一个则轻声说：'等到晚上你可能就累得不行了，还是现在就写吧，写完就不用再想着了。'我想，第二个声音就是巨人的声音。"

"完全正确！"马塞尔两眼放光，"反正巨人最终一定要赢，要不然我们就一事无成了。"

好老师补充说："不然的话，你们就无法成为你们有能力成为的人。"

"那我到底能成为什么样的人呢？"莫妮卡问。

好老师答道："这可不是三言两语能说得清的。每个人必须自己找到答案。"

吉娅想起了白色石头，特伦夫太太和神秘老婆婆都提过它。但她决定先暂时不说出来。吉娅预感到，大家终会开始寻找属于自己的白色石头，也会为此经历新的冒险。到那个时候，她再把这一切告诉朋友们。

梅奥医院的药物测试结果终于出来了。午饭的时候，金先生带来了这个消息。结果真是再好不过了！所有受测试患者的病情都得到了遏制，大多数人已经明显好转。

孩子们禁不住欢呼雀跃。安妮的病真的有希望了！金先生告知了安妮的父母，他们同意按这个方案治疗，因为似乎也没别的办法了。现在，终于能把这个好消息告诉安妮了。他们可得小心行事。

下午，他们一同去探望安妮。在金先生的安排下，梅奥医院派了一名医生随同前往。尽管安妮对这一切还毫不知情，但她很高兴能见到朋友们。

金先生先是介绍了那位医生，由他尽可能清楚地讲解新药的疗效。安妮在一旁听着，看上去有点迷糊。

吉娅等不及了，她说："医生想说的就是，有一种新药很可能会遏制你的病情，甚至让你好转！"

安妮用了好大一会儿，才弄明白这些话究竟意味着什么。接着，她无声地哭了起来。孩子们此刻才发现，在过去的几个月里，安妮是多么期盼着能得救啊。可希望一直都很渺茫，而这一次真的会有所不同吗？

吉娅小心地为她擦去泪水。安妮感激地看着吉娅，然后勇敢地说："就算没有效果，我也要感谢你们的努力和帮助。"

"会有效果的！"医生急忙说，"到目前为止，我们在每一个病例上都看到了积极的结果。"

安妮看着医生，眼睛睁得大大的。她太想相信他的话了。金先生提议道："不管怎么说，我们都应该试一试。现在，我还为大家准备了一个惊喜：去迪士尼游玩的照片已经洗好了，要不要一起看一看？"

接下来的整个下午，他们一直都在欣赏在迪士尼拍的照片。每当看到那条鲸鱼，看到它把那群粗鲁的男孩泼成了落汤鸡，大家就都笑得前仰后合。

然后，安妮第一次服用了新药……

第十一章

演讲比赛

像往常一样，吉娅每隔两天探望一次安妮，和她一起练习演讲。她感到安妮越来越有活力了。

演讲比赛前两周，吉娅走进安妮家的客厅，发现安妮正神采奕奕地看着自己，她说："看看，有什么地方不一样了？"吉娅打量着安妮。没什么特别的呀，安妮和往常一样坐在轮椅上，头靠在支架上……

这时，吉娅猛然意识到：对啊！安妮的脑袋没有被固定住。她的目光又落到安妮的胳膊上。果然！她的胳膊也没有被绷带绑在扶手上。

安妮察觉到了吉娅的目光。仿佛为了证实吉娅的发现，她轻轻抬起了左臂。吉娅禁不住欢呼起来，轮椅上的安妮也脸色红润，她说："我一天比一天好。一开始我简直不敢相信。现在我的手臂又可以动弹了，腿也有知觉了。太不可思议了！"

吉娅上前拥抱了她。一件美妙的事情发生了：安妮第一次回应了吉娅的拥抱。虽然动作幅度很小，但安妮的胳膊还是碰到了吉娅的腰部。两个小姑娘激动得哭了。

过了好长时间，她们俩才开始准备演讲比赛。吉娅根本没有心思练习，但安妮督促她要自律。

"我知道，"吉娅自我批评道，"我应该多听听那个巨人的话！"

"什么巨人？"安妮有点愣神。

"嗯，就是我脑海里的那个声音，它总是督促我去执行原先的计划。"吉娅把那七条准则讲给安妮听。安妮很喜欢这个巨人和矮人的故事。

于是，她们又开始讨论演讲的事情。和往年一样，参赛者可以自己选择演讲题目。吉娅想要谈谈一个人真正的价值，毕竟她几周以来一直在学习这些东西。一个人的价值不仅取决于外在的表象，还取决于他的内在，也就是品格，即便我们难以清楚地看见它们。吉娅对着安妮又练习了一遍演讲。

安妮称赞道："你的引入部分已经很精彩了。但我们还有时间继续打磨，让它更精彩。我有个主意：我们还需要一个东西，来让演讲更形象直观，让听众过耳不忘。"

"是什么东西？"吉娅问。她想到了甜甜圈。安妮却有个新主意，她建议道："你当然可以说说甜甜圈，不过我要找的是一个恰当的引子，一个能立即抓住听众的东西。有了！你可以用一张支票。"

"支票？"吉娅不解地问，"我拿支票做什么？而且我手头也没有啊。"

安妮跟她解释了自己的想法。吉娅总算明白过来，她激动地说："就算我不太清楚去年演讲的情况，但单凭你这个点子，我就知道为什么是你赢了。你真是个天才！"

安妮露出得意的微笑，因为她明白自己这个主意确实绝妙，能让演讲足足提升一个层次。眼下，吉娅只需要战胜自己的紧张，但愿她不会因为压力过大而忘词。

吉娅问金先生，能否给她一张支票。他连问也没问就立刻照办了。金先生对吉娅的信任程度简直不可思议，而吉娅也绝对不会令他失望。

随着日子一天天过去，安妮的身体变得越来越灵活。演讲比赛前夜，吉娅做了一个奇怪的梦，梦见自己与沙尼雅·怀斯女士交谈。怀斯女士就是那位神秘的老婆婆，住在森林边上原本空无一人的老房子里。

老婆婆说："去看看那张黑胡子男人的照片。一定要拿放大镜看。你会听见重要的信息！"

吉娅答应照做。第二天起床，她依然记得这个梦，不过此刻她脑子里想的全是演讲比赛，马上又紧张兮兮地跑去忙了。早饭过后，比赛就要开始了。

吉娅、朋友们和金先生一起走进了大礼堂。她环顾四周，只见观众席上坐得满满当当。来了好多人啊，至少有1500人的样子。吉娅腿都有点软了。莫妮卡也大为震撼，小声对吉娅说："现在不管你拿什么求我，我都不会替你上台演讲的。"

吉娅叹了口气说："谢谢你啊！你可真会帮我！"

马塞尔也听见了莫妮卡的话，他气愤地呵斥她："你这个洋娃娃脑袋，怎么不知道给吉娅打打气。她今天肯定赢！"

吉娅才不信呢，但她也没有时间多想了。

因为就在这时，校长宣布比赛开始了："亲爱的家长们、同学们、朋友们，我衷心欢迎你们参加里约·雷德伍德学院本年度的演讲比赛。我们非常自豪的是，今天的活动将由电视台全程转播。"

吉娅惊恐地望向四周，真的发现了几台电视台的摄像机。她原本就够紧张的了，这么一来简直紧张到要吐了。金先生赶紧提醒吉娅深呼吸。他自己先是深吸了口气鼓起肚子，然后慢慢地呼出去。吉娅不由自主地跟着模仿起来。好神奇！恶心的感觉立即没那么强烈了。

吉娅由衷地庆幸这时能有朋友们陪在身边。但她还是不确定自己能否挺过去。

随着大家陆续上台演讲，吉娅对自己越发没有信心了。有几位参赛者讲得相当出色。吉娅一想到自己那蹩脚的英语，就恨不得立刻逃离这个大礼堂。

轮到胡博特上台了。他演讲的题目是马。显然，马是他最喜爱的动物。在他讲到自己的小马驹如何降生，又如何学着迈出第一步时，所有观众都被他深深打动了。接着，他还展示了一段那匹小马驹的录像。

这段影像给全场观众留下了深刻的印象。他们纷纷感叹道："哦，好萌啊！""哇，它太可爱了吧！"

胡博特显然赢得了大家的好感。当他走回座位、路过吉娅身边时，向她投去傲慢的一瞥。这种眼神吉娅并不陌生。

彼得气愤地尖声说："根本不准放录像的！浑蛋！"

吉娅看了看菲利普老师，他也证实了彼得的话，说："这确实违反了规则，按道理他应该被取消参赛成绩，不过没人敢这么做。他的家人和校长是朋友。"

"这不公平！"吉娅小声抱怨着。

吉娅的抱怨传到了金先生的耳朵里，他语重心长地说："想一想你这几周学到的东西吧，现在你可不能掉进'公平陷阱'里。人生不可能永远公平。与其抱怨，还不如把注意力放在你自己的演讲上。"

金先生的建议来得太及时了，因为此时该吉娅上场了。她鼓足了勇气，站起身来，向台前走去。聚光灯照得吉娅几乎睁不开眼，她紧张得快要受不了了。绝望包围了她，她努力地深呼吸。就在这时，吉娅看到朋友们在挥手鼓励自己，觉得稍微安心了一点儿。

忽然，礼堂里响起了一阵窃窃私语，观众们纷纷扭头望向门口，吉娅也跟着看过去。只见从外面走进来一个拄着拐杖的身影，走得很是小心翼翼，一步一步，越来越近。偌大的礼堂变得鸦雀无声。吉娅认出了那个人：是安妮！

安妮开口打破了沉寂，仿佛这再自然不过："嗨，吉娅！我无论如何也不想错过你的演讲！"

同学们不禁欢呼起来。很快，其他观众也加入了欢呼的队伍。有好一会儿，大家好像都忘记了还有演讲这回事儿。再次安静下来以后，吉娅的演讲开始了。安妮的出现改变了她，她的紧张不翼而飞。

吉娅这样开头："你好，安妮，看见你能走路，这就是最好的礼物。我本来非常紧张，如果不是你来了，我很有可能一句话也说不出来。谢谢你。"

接着，吉娅进入了演讲的正题。她举起一张支票，问道："我这里有一张 100 美元的支票。谁想要？"

几乎所有人都举起了手。吉娅继续讲道："我会把它送给你们中的一位。不过，它得首先配合我一下。"只见她把支票揉成一团，然后问："现在你们还想要它吗？"大家又高高举起了手。这一回，吉娅把揉成团的支票扔到地上，一边踩着它反复碾压，一边问道："现在你们还想要它吗？"当然了，大家又一次举起了手。最后，吉娅捡起了这张皱巴巴、脏兮兮的支票，把它举得高高的。现在，大家几乎辨认不出这东西到底是什么了。

吉娅停顿了一下，说道："这几周里，我学到了一个重要的道理。我可以借助这张支票，把这个道理讲给大家听。"她又停顿了一下，所有人都屏息聆听。

"无论我把这张支票怎么样，你们都想得到它。为什么？因为它从来没有失去自身的价值。它自始至终都是价值 100 美元。

"我们在一生当中，也常常会被揉成一团，会被扔到地上，甚至被踩进尘土。

"每逢这样的时刻，我们往往会觉得人生何其不公。或者更糟糕的是，我们会觉得自己一文不值。然而，一个人无论际遇如何，永远都不会失去自身的价值。对那些爱我们的人来说，我们是无价的。我们的成就，或者我们的财产，并不能决定我们的价值。关键在于，我们是谁……"

接着，吉娅讲到了甜甜圈理论，讲到了帮助他人的快乐。她的演讲略微超出了规定时间，然而铃声并没有响起。她后来得知，是菲利普老师故意"忘记"给出提示。正如他所说："公平起见，予以补偿。"

吉娅的演讲进入了尾声。不过，她突然不满足于自己准备好的结束语，而是即兴说道："我在人生里已经遇到了很多幸福与美好，但我还从来没有像刚才那么幸福过，那就是当我看到安妮走进礼堂的时候。"

大家纷纷起立鼓掌，这在今天可是头一回。钱钱也大声叫了起来，叫声淹没在了雷鸣般的掌声里。然后，钱钱跑上舞台，跑向吉娅。吉娅欣喜地搂住她的爱犬，这样她就能更从容地面对喝彩了。她终于能走下演讲台了。

吉娅是当天最后一位演讲者，之后评委们退回幕后，进行评议。换作往常，吉娅可能会紧张得近乎爆炸，但现在她只感到了满满的幸福，因为安妮又能走路了。吉娅激动地向安妮跑过去。

这一切终于结束了。评委们回到现场，评委会主席郑重地将一个信封递给校长。校长小心地打开信封，看到了比赛结果。他微微一笑，停顿了好一阵。

仿佛过了几个小时那么久，校长终于说："本年度演讲比赛的获胜者是——"他又停了一下，然后继续说："是——我非常高兴——她就是——吉娅·克劳斯米勒！"

礼堂里响起了震耳欲聋的掌声。吉娅的朋友们开始有节奏地喊着："吉——娅，吉——娅，吉——娅……"然后全场观众都跟着喊了起来，喊得吉娅起了一身鸡皮疙瘩。安妮激动地抱住了吉娅。这时，金先生和其他人都跑过来向吉娅道喜。

菲利普老师笑着说："现在还不是庆祝的时候，赶快上台领奖吧。"

吉娅这才意识到，校长正在台上等着她。她赶忙跑上台，校长郑重地为她颁发获奖证书和一张价值 1000 美元的支票。"哇，"吉娅心想，"1000 美元！真是笔巨款。"

吉娅马上心算起来，应该如何分配这笔奖金：其中的 50%，也就是 500 美元，存入养"鹅"账户，这笔钱她绝对不会动用，要存起来钱生钱，直到靠利息就能生活；40%，也就是 400 美元，要放进她的梦想储蓄罐，实现中短期目标；剩下的 10%，也就是 100 美元，用于平时零花。想到这里，她禁不住笑了。

吉娅正琢磨着怎么分配这笔钱，却一下子想到自己还没有新的中短期目标呢。之前的三个愿望都已经达成了，她现在得列个新的愿望清单，再为它们准备个梦想储蓄罐……

冷不防地，不知道是谁拽了一下吉娅，打断了她的畅想。原来是钱钱！

第十二章
陷入圈套

吉娅想要挣脱钱钱，可这只白色的拉布拉多犬就是不肯松口。它咬住吉娅的衣服，慢慢把她往舞台幕布后面拽。吉娅高声喊道："放开，钱钱！松口！快放开！"但钱钱不为所动，继续把她往后拽。吉娅不想衣服被扯破，只好由着它去了。再说了，钱钱的力气真的很大。

礼堂里的观众们看到这一幕，都哈哈大笑起来。吉娅一时间觉得尴尬极了。钱钱向来最听她的话了，不知道这一次是怎么了。钱钱就这样一路拽着吉娅，穿过幕布间的缝隙，来到了舞台后面。

舞台后面一片昏暗。吉娅刚才一直站在聚光灯下，过了好一阵才适应了眼前的昏暗。这时钱钱已经放开了吉娅，坐到了地上。

吉娅正想好好教训一下它，再跑回前台去，却听见耳边传来一个女人的声音："你为什么没有按照我说的去做？为什么没有拿放大镜看看那张照片？"

吉娅紧张地环顾四周。就在一个尤为昏暗的角落里，显出了一个人的轮廓。吉娅马上就认出了她——沙尼雅·怀斯女士，那位神秘的老婆婆，她住在森林边上原本空无一人的老房子里。吉娅看到她那碧蓝眼眸和满头银发在黑暗中闪闪发亮。

吉娅惊讶地问道："您是怎么来到这里的？"

老婆婆回答道："现在没有时间解释了。我来是为了提醒你，彼得即将面临巨大的危险。"

"您怎么认识彼得？"吉娅再次惊讶地问。老婆婆并没有理会她的问题，说道："我说过了，现在我们快没时间了。快，快去帮彼得。马上就快没时间了！"

吉娅答道："可是彼得已经没有危险了呀。金先生带来几个保镖，联邦警察也在守护着学校，而且彼得一直都和其他人待在一起。"

"你就这么肯定吗？"老婆婆问。

"我当然知道啦。我刚刚还在礼堂里看到彼得了。"吉娅飞快地回答。

老婆婆一言不发地盯着吉娅。吉娅心中一动，立刻跑到幕布那里，顺着缝隙小心向外窥探，一下子就看到了朋友们和金先生，他们正跟安妮聊得起劲。但吉娅确实没找到彼得，他真的不见了……

吉娅困惑不解地转过身来，对老婆婆说："我真的没看见彼得。他到底去哪儿了？"

老婆婆有点不耐烦，她说："这个我不能告诉你。我也有必须遵守的规矩。也许你现在还来得及帮他，但你得赶快行动。赶快回你的房间，仔细看看那个黑胡子男人的照片，到时候你就能知道他的计划了。"

此时此刻，吉娅根本用不着别人催促。她匆忙向老婆婆道别，从后门跑了出去，能跑多快就跑多快。她一路快跑着穿过草坪，跑向了女生宿舍。钱钱一步不落地跟着她，吉娅真巴不得自己也能像它那样飞奔。终于，吉娅气喘吁吁地回到房间，开始疯狂翻找那张照片和放大镜。

吉娅终于找到了这两样东西，赶忙把放大镜举到照片上。照片上的人脸动了起来，就像以前一样。不，还是有点儿不同。照片上的人脸不仅在动，居然还在变化。吉娅吓得手一松，照片掉到了床上。但她想到彼得现在很可能正身处险境，就重新鼓起勇气，拿放大镜仔细观察起照片来。

的的确确，那个男人正在变化。他的黑胡子魔法般地凭空消失了，紧接着深色的头发也越变越浅，直到变成金黄色。而且，他还戴上了一副眼镜，几乎和以前判若两人。简直令人难以置信！

这下子吉娅糊涂了：他这是想干什么？她马上就得到了答案，因为照片中的人开口说话了："这样那个该死的粉笔头儿就认不出我了。他还以为我是新来的宿舍管理员呢。哈哈哈……他还想让我带他去树林里看一种特别的动物。我很乐意效劳。树林就是他的葬身之地。"

吉娅立即明白了这个男人的计划：乔装打扮以后，以新任宿舍管理员的身份混进学校，然后又不知用了什么手段，骗取了彼得的信任。而彼得对他的阴谋一无所知，现在已经和他一起去了树林里。按照这个男人的计划，彼得会在那里永远消失。

毋庸置疑，彼得正身处巨大的危险当中，吉娅必须立即行动起来。可是该如何行动？吉娅的大脑飞速运转着。她应该直接跑去树林，还是要先去通知朋友们？吉娅很清楚，单靠自己是无法与那个男人抗衡的，而且就算要找彼得，她也不知道从哪里找起。对，她需要朋友们的帮助。

吉娅以她最快的速度跑回了礼堂。观众们正要退场，人流像蚁群四散开来。在这样的混乱当中，找到朋友们几乎是不可能的。吉娅该怎么办才好？这时，钱钱忽然在她身后大叫起来。吉娅立即转过身去，看到马塞尔和莫妮卡就站在离她几米远的地方。巧的是，他们俩也看到了吉娅。三个朋友很快碰头了。

吉娅激动地叫道："彼得正在树林里，他有危险！我们得马上去救他。现在我只知道这些。"

"可树林这么大，我们该怎么找他呢？"莫妮卡问，她的脸上写满了绝望。幸好马塞尔立刻有了主意："我们让钱钱去找。我有张彼得家人的照片，钱钱也许可以顺着照片上的气味找到线索。"

两个小姑娘钦佩地看着马塞尔，他竟然这么快就想出了好点子。莫妮卡怯怯地问："我们不应该先通知金先生和其他人吗？"

"那就太迟了，"吉娅反对道，"我们得马上走。有谁能给金先生送消息吗？"

三个人的目光在人流里四处搜寻，看到的全是陌生的面孔，除了……吉娅看到了一条笔直的发缝。没错，她只用一秒钟就认出了那个人，是胡博特。"谁都行，就他不行。"吉娅心里闪过这个念头。但他们已经别无选择，马上就得走了，时间紧迫。

吉娅朝着总是和她对着干的胡博特跑去，拉住了他的衣袖。胡博特认出了吉娅，没好气地说："快放开我！你已经赢了，这还不够吗？现在还想来折磨我？"

吉娅绝望地回答说："赢不赢的都不重要了，我现在需要你的帮助。我的堂弟彼得有生命危险。请帮帮我吧。"

胡博特怀疑地打量着吉娅。他做了一番心理斗争，脸色缓和了些，说道："你说彼得有生命危险？好，我帮你。我该怎么做？"

吉娅松了一口气，迅速答道："请你找到金先生和校长，然后告诉他们，我们三个正在树林里寻找彼得。那个想绑架他的男人把他带去了那里。"

胡博特一口答应下来，飞快地跑开了。吉娅他们向那片树林跑去。吉娅边跑边不停祈祷，祈祷胡博特会遵守约定。马塞尔似乎也心有疑虑，边跑边问吉娅："你觉得咱们能相信他吗？"

"但愿如此吧，再说咱们也没的选了。"吉娅气喘吁吁地回答。他们离开教学区，来到那片树林里。马塞尔让钱钱钱嗅了嗅彼得家人的照片。钱钱昂起头，在风中嗅了嗅，接着吠叫了几声，一个箭步向道路的左边冲过去。很显然，它已经找到了线索。三个小伙伴立刻跟了上去。

一路上，他们奋力穿过高高的灌木丛，锐利的树枝划破了他们的皮肤，荨麻刺痛了他们。更不巧的是，日头正缓缓地落下，林子里逐渐暗了下来。恐惧一点点地在孩子们心头升起。但他们仍然努力振作起来，跟着钱钱向树林深处跑去。终于，他们来到了一处巨大的废墟前，那废墟黑魆魆地矗立在几棵高大的树木之间。三个人心里一沉，不由得停下脚步。这幢废弃的建筑散发着恐怖的气息，他们吓得直接僵立在那里。

然而钱钱却跳着，叫着，径直向老旧的墙壁冲过去。吉娅想让它赶紧安静下来，但为时已晚。有声音从这幢高大的建筑里传出来。马塞尔立刻从地上拾起一根粗大的树枝，把它举在身前当武器。两个小姑娘则躲在他身后，紧贴着一棵树站着。

"谁在那里？"有人从废墟里吼道，声音十分低沉。吉娅听得很清楚，她瞬间就辨认出来了：正是飞机上的那个黑胡子男人！钱钱钻进废墟里，一晃就不见了。它一开始吠叫着，后来转为低吼，这预示危险一步步逼近了它。后来，孩子们就什么也听不见了。

"得去看看怎么回事。"马塞尔低声说，然后坚定地朝废墟走去。

"还是在这儿等着吧，等救援来。"莫妮卡说，她害怕得全身发抖。

马塞尔没听她的话，继续小心翼翼地朝废墟走了过去。吉娅跟在他后面。他们很快来到一扇摇摇欲坠的大门前，小心地朝里面张望。

"糟糕，这里面太黑了，什么都看不见。"马塞尔向她们俩低声说。莫妮卡无论如何都不想独自待在林子里，所以也跟着来了。马塞尔继续往废弃的建筑物里走，尽管他什么都看不见。

两个小姑娘努力跟上他的脚步。

周围一片漆黑，伸手不见五指。要是他们带上手电筒就好了……

到处都弥漫着一股霉味。他们用脚慢慢试探着，小心地越过石板地上的各种杂物和坠落的石块。他们脸上总是有蜘蛛网拂过，那蜘蛛网是从天花板上垂下来的，长达数米，黏黏糊糊，惹得莫妮卡不停地小声尖叫。她最怕蜘蛛了。她能想象到的最恐怖的事，莫过于蜘蛛网粘到头发上。

再说了，哪里有蜘蛛网，哪里就有蜘蛛。

马塞尔继续往前走着，他们其实早就迷失了方向。突然，马塞尔大叫一声就不见了踪影。紧接着，从地面下方很深的地方传来了扑通一声。马塞尔似乎掉进水里了。吉娅和莫妮卡顿时愣在原地。她们俩小心地俯下身去，在地上摸索着，好不容易才摸到一个豁口。原来，石板地上有个洞！马塞尔一定是掉进了这个洞里。

吉娅和莫妮卡轻声呼唤着马塞尔，听见他在下面小声地咒骂，同时还有划水的声音。过了一会儿，她们听见马塞尔喊："这里有个地下湖。这水冷死了。"他顿了顿，又补充了一句："我其实一直都想在黑暗里游泳来着。"

两个小姑娘大大地松了一口气，看来他没什么大碍。很快，他又开起了具有马塞尔风格的玩笑。最后，他还说："我没事儿，现在游到岸边了。啊，这里有个台阶。很好。你们愿意的话，也可以跳下来。嘻嘻。"

"这家伙，心也太大了，竟然还开起玩笑来了。"莫妮卡嘟囔道。

忽然，几声叫喊穿过老旧的墙壁，伴着重复的回声，听起来格外诡异。接着又传来几声狗叫，这声音也激起了一波又一波回声，仿佛有数十条狂怒的猛犬在这里出没。

在狗叫声中还掺杂着暴怒的呼喊，然后是一扇沉重的门被关上了，狗叫声骤然变小了许多。

现在，孩子们能清楚地听见那个男人的声音了："总算抓到你了，你这只死狗。你就在这里等死吧。看谁陪你一起死。"

惊慌之中，莫妮卡和吉娅紧紧地抱在一起。"那个人把钱钱关起来了。"莫妮卡说，她快要被吓哭了。

"怎么了？"马塞尔在下面轻声喊道。

"我想，那个人把钱钱关起来了。"吉娅告诉他，"他马上就要过来了，这里可能是唯一一条通往屋外的路。"

"你们到处摸一摸，看看有没有梯子什么的。"马塞尔努力想着办法。吉娅和莫妮卡拼命地摸索着地面，然而希望太渺茫了。怎么可能正好地上有个梯子呢？

莫妮卡突然大叫一声。她尖锐的嗓音响彻整幢废墟，在里面一遍遍回荡。

"怎么了？"马塞尔在下面担心地问。

"我还以为摸到蛇了，"莫妮卡抱歉地说，"不过是根绳子而已。"

"什么叫'是根绳子而已'？姑娘们！莫妮卡，快动动脑筋。这根绳子可能足够长，让我能抓着它爬上来。"马塞尔的语气有些生气。

"等等，万一那个男人听见你了呢?"吉娅颤抖着说。仿佛是要证实她的话一般，远处传来了那个男人的叫喊："又是那个臭丫头! 这次你可休想阻止我。我一定会让那个粉笔头儿消失的。等着吧，我要抓到你!"

两个小姑娘怔住了。他果然听到了! 他早晚会追过来的! 幸好马塞尔头脑仍然冷静。

"把绳子扔下来! 你们快看看能不能把它系在哪里。快点儿!"他催促道。

吉娅首先从错愕中回过神来。她迅速把绳子的一端扔进洞里，接着寻找栏杆一类的东西，好固定住绳子的另一端。她居然很快找到了一处栏杆。这里一定是通往楼上的楼梯! 吉娅连忙将绳子牢牢系在栏杆上。但愿绳子够结实，她边系边想。

"好了! 你可以上来了。"吉娅朝马塞尔喊道。马塞尔几乎够不到垂下来的绳子，他猛地一跳，双手抓住了绳子，开始向上攀爬。两个小姑娘听见他哭咧咧地爬着，呼哧呼哧地喘着粗气。与此同时，那个男人的脚步声也越发清晰，他显然跑得很快，而且越来越近了。

吉娅朝马塞尔喊道:"快! 那个家伙快到了!"马塞尔

呻吟着回答:"我尽力了,我又不会飞!"他一边说一边使出了双倍的力气。

绳子虽然系得很结实,但是它相当细,勒得手疼,马塞尔几乎都快握不住了。"要是绳子上打着结就好了,我还有个能抓握的地方。"他绝望地想着。

仿佛过了好久好久,马塞尔才爬到洞口的边缘。

"快帮帮我,你们这些洋娃娃脑袋!我自己可上不去!"马塞尔吃力地喊道。吉娅和莫妮卡紧紧扒住地面,伸手去拉他。她们抓住了马塞尔的胳膊,用尽全力把他往上拉。马塞尔怎么会这么重啊!终于,他的一条腿可以够着地面了。

就这样,在两个小姑娘的帮助下,马塞尔使出了最后一丝力气,爬出了洞口。

三个人气喘吁吁地蹲了一会儿。"我差点儿就抓不住要松开手了。浑身的肌肉就像火烧一样疼。"马塞尔呻吟道,他还是喘不上气来,不停地揉搓着自己生疼的双手。

他们忽然听见了一声咒骂,那个男人似乎撞上了什么东西。三个人又一次惊恐地意识到,那人就在近前了,必须要采取行动!而且要立刻行动!他们看见十几米开外的地方,一道手电筒的光在墙上一闪而过。

"太晚了！他马上就要把我们……"莫妮卡惨叫起来。吉娅飞快地说："跑不了了。咱们一时半会儿也找不到出去的路，最好一起跳进水里，一定别让他抓到。"

"就这么办！"马塞尔兴奋地低语道。

"我无论如何都不会跳下去！"莫妮卡立即抗议道。一想到要从那个洞口跳入黑漆漆的湖里，她的声音就打起战来。

"不是我们跳。你们俩起来，站过去！"马塞尔命令道，"就站这边！"

"让那个男人更容易找到我们？你疯了！还是快想办法逃走吧。"莫妮卡表示反对。

"这里太黑了，我们肯定会迷路的。那个男人很快就能追上来，毕竟他有手电筒啊。快照我说的做。跟着我，这边来！"马塞尔的语气不容反驳，吉娅和莫妮卡只好照办。于是，他们三个站到了洞口后面约莫一米的地方。

就在这时，那个男人到了，他拿着手电筒照向孩子们，一束光正好打到了马塞尔身上。马塞尔对着那人吐舌头，双手在耳边挥舞着，他还不停地做鬼脸，大叫着："呸，呸，呸……"

那个男人被激怒了，不由得加快了脚步。就在那人离孩子们仅有十五米远时,马塞尔开口喊道:"胆小鬼来喽!只会抓小孩!"他又朝那人吐舌头。那人显然已经怒不可遏,迈开大步就朝着马塞尔扑过去,结果一脚踩空,大叫着跌进了孩子们面前的洞里。扑通一声,他掉进了下面的湖里。

马塞尔连忙把绳子往上一拉,那个男人暂时被困在了下面。他一边在水里游着,一边破口大骂。

"你们这些小兔崽子,老子要亲手捏死你们!"他狂暴地吼道,没想到呛了一口水,咳嗽得喘不过气来。

"游泳的时候,话可别说太多,"马塞尔嘲讽他,"不然肺里会进很多水的。"

"老子要把你摁在水里,摁到你连水都呛不进去为止!"从下面传来一句暴怒的回答。

"是吗?那您想怎么上来呢?"马塞尔大笑着问。这时,莫妮卡拽了拽他的袖子,小声说:"咱们还是快跑吧。万一有条能上来的路被他发现了呢……"

"找不到钱钱我是不会走的!"吉娅很坚持。

那个男人已经挣扎着从湖里爬到了岸上。突然,他大吼一声:"乔治!哈利!快过来!这些该死的小鬼就在洞口旁边!"

三个人顿时毛骨悚然：那个男人还有同伙！他们可压根儿没有料到啊。那人不停地喊着："乔治，哈利，快过来！"

"他可能在骗我们。"马塞尔说，但语气并不太肯定。

紧接着，的的确确有声响从废墟深处传了过来。"我们现在该怎么办？"莫妮卡问道，她害怕得直哆嗦。

"我们去找钱钱。"吉娅提议道。马塞尔表示同意："不管怎么说，待在这里可不是办法。吉娅说得对！咱们顺着那个男人来的方向去找，钱钱肯定被关在那边。"

三个人先是手脚并用，小心翼翼地绕过洞口，然后站起身，贴着墙壁摸索着前进。

被困在下面的男人察觉他们走远了，叫道："乔治，哈利，快！他们三个溜走了！快点儿！"

吉娅、莫妮卡和马塞尔不由得加快了脚步。他们忽然听见背后有动静。那声音虽然离他们还有一段距离，不过应该很快就能追上来。三个人的步子迈得更快了，竭尽全力在黑暗中狂奔起来。

这时，一个坚硬的东西绊倒了莫妮卡，她倒在地上哭了起来："我走不了了！我好像把脚给崴了。"

"我们必须得走！"马塞尔命令道，"他们很快就会找过来的。快起来！”

"我真的疼死了，走不了啊！"莫妮卡的声音听起来非常痛苦。马塞尔不管这些，直接扶她起来，说道："打起精神。我帮你！"他搂着莫妮卡的腰，搀着她继续向前走。可这样一来，他们走得就慢了许多，而身后的声响越来越近了。

"不行了，"吉娅惊恐地低声道，"他们马上追上来了！"他们能感到手电筒的光就打在后背上。真是太绝望了……他们惊恐地拼命往前跑。莫妮卡每跑一步就惨叫一声，她真是疼得厉害。

猛然间，他们听见前面也有声响传来。"这下糟了！这帮坏蛋两面夹击，我们就等着被捉吧！"吉娅断言道。这一回马塞尔也没了主意。三个人向一面墙退过去——这下他们完全暴露了，真是无处可藏了。

他们前面和背后的声音几乎同时在靠近。先到的是他们前面的那群人。手电筒的强光打在了三个人身上。马塞尔不禁吼道："你们这群浑蛋！"

一个低沉的声音回答道："别怕，是我，斯诺顿校长。"几乎同时，孩子们听见身后传来另一个熟悉的声音："我也在这里！"这是金先生。现在，整条道路被照亮了，他们这时才发现校长身边还有几名警察，而金先生则带来了保镖。

这群人里还有——彼得。他被关在一个房间里，警察发现了他，把他解救了出来。莫妮卡和吉娅欣喜地拥抱了彼得。接着，马塞尔也把他抱在了怀里。这对堂兄弟显然感情很好。人群里还有一张熟悉的面孔：胡博特。这个一贯整洁的男孩简直变得认不出来了。他的脸颊上有一道长长的划痕，头发也乱蓬蓬的，一双眼睛却因为自豪而闪闪发光。

金先生把手搭在胡博特的肩头，说："那两个家伙跑了。要是没有胡博特，我们根本找不到你们。是他把你们的去向告诉了我们。他在这所学校待了很长时间，所以知道有这么一处废墟。是他出主意让我们到这里找的。"

吉娅简直不敢相信，胡博特看起来简直判若两人。马塞尔又恢复了幽默感，他咧嘴笑道："嘿，兄弟，我更喜欢你这样儿！"说着，他指了指胡博特乱蓬蓬的头发。胡博特忙不迭地整理了一下发型。大家都笑了，胡博特笑得尤为开怀……

"我们得找到钱钱。"吉娅想起了她的爱犬。

"还得把那个坏蛋从洞里拉上来。"马塞尔说。他们三言两语地说清了事情的经过，令大人们赞叹不已，尤其是说到马塞尔故意刺激那个男人，诱使他一脚踩空跌下去的时候。警长下令搜寻钱钱，而另一组警员则前往洞口那里，去逮捕那个男人。

吉娅大声呼唤着钱钱。话音刚落，就有一声微弱的吠叫回应了她。大家循着声音过去，很快来到一扇厚重的门前。这只拉布拉多犬就被关在里面。警察很快就撬开了锁，吉娅欣喜若狂地把钱钱搂在了怀里。

马塞尔小声对彼得说："要是换作我开锁，时间能缩短一半。"彼得佩服地看着他。

钱钱兴奋地舔着吉娅的脸。能救回钱钱，吉娅实在是太高兴了，根本没嫌弃它舔人的坏习惯。

这时，另一组警员把那个男人从洞里拉了上来，给他铐上了手铐。孩子们害怕地打量着他，但已经认不出他来了。

那个男人已经完全变了个样子。"就跟照片上一模一样！"这个念头在吉娅的脑海中闪过。他现在的确是满头金发，黑胡子也不见了。只有从黑色的眼睛和右脸的伤疤上，才能勉强找到飞机上那个黝黑男人的影子。

即便是浑身湿透，手戴镣铐，而且处在警察的严密监视下，那个男人看起来依旧凶神恶煞一般。孩子们不禁打了个寒战，赶忙别过头去。

尽管警察们努力地搜寻，但仍然没有找到那两个同伙，他们很有可能逃远了。

大家终于可以离开这座废墟了。他们花了几分钟穿过树林，回到了学校。学校里到处洋溢着激动的气氛，人人都在谈论刚刚发生的事情。同学们不断拥过来，不停地问东问西，各种问题几乎把吉娅他们淹没了。

校长不得不出面说道："这几个勇敢的同学现在需要休息！"说着，校长把孩子们领进了办公室。他的秘书端来饼干和热巧克力。吉娅、莫妮卡、马塞尔和彼得有太多的话要说了。胡博特自然而然地和他们坐到一处，听得特别认真。孩子们对他谢了又谢。

彼得先是讲了他是怎么去的废墟那里。彼得和新来的宿舍管理员成了朋友。彼得完全没有意识到，他就是飞机上的那个黑胡子男人。后来，彼得听从了他的提议，跟着他去树林里看狍子。

吉娅一做完演讲，他们两人就出发了。这个时间点选得很巧妙，因为那时大家都沉浸在兴奋之中，没人注意到他们离开了。在树林里，男人突然抓住彼得，把他拖进了那幢废弃的建筑里。尽管彼得大声呼救，但没人听得见。

吉娅心想："如果不是那位睿智的老婆婆，如果不是她提醒我看一看照片，后果简直不堪设想。"不知怎的，吉娅始终没有跟朋友们说起过放大镜和老婆婆。

吉娅还有一些事情要说清楚。她把胡博特带到办公室的角落里，想单独和他谈谈。吉娅又一次衷心地感谢了他，然后说："你其实一点儿也不怪。我们为什么要那么针锋相对呢？"

胡博特答道："我第一次见你的时候，一点儿也没觉得你讨厌。可是后来你拿我的发型冷嘲热讽。我很讨厌别人取笑我这个，就像讨厌瘟疫一样，所以我就想报复你。是的，我想，一切就是这么开始的。"

吉娅很受触动地看着胡博特。她根本没有意识到，原来是她自己引发了这场争斗。不管怎么说，她都感谢胡博特坦白地说出了原因，两个人最后握手言和了。吉娅心想：虽然胡博特应该永远都不会成为我最好的朋友，但我也没理由不同他友好相处啊。

第十三章

重归故里

这时，金先生走进校长办公室，吉娅把自己和胡博特的谈话告诉了他。金先生说："是啊，令人惊讶的是，激烈的争吵往往原本可以轻易地避免。很多时候，只是斜眼一瞥就足够引起争吵了。有时候，我们会觉得一个人态度傲慢，但事实上他不过是缺乏安全感。"

吉娅说道："其实我只是觉得他头发的分缝很直，看上去很有意思，但这让胡博特很不舒服，觉得我在嘲笑他。所以，他就对我说了些伤人的话。果不其然，我们很快就认定对方是个彻头彻尾的讨厌鬼。"

金先生理解地点了点头。吉娅想了想，又问："但我该怎么避免出现这种情况呢？我真的一点儿也不想这样。一想到我曾经自以为'占理'地憎恨过胡博特，我就感到很害怕。"

金先生答道："你还记得第一条准则吗？"吉娅立刻回答："当然啦！要友善待人。"

金先生微笑着解释道："很对。我来举个例子帮你思考。设想一下，你的账户上没有钱了，而你的自行车又坏了，必须花钱修理，但你身上压根儿一分钱都没有。"

"那可就麻烦了。"吉娅立即说道。

金先生继续说："那现在再设想一下，如果你的账户上有几百欧元，而这时你的自行车坏了——你还会觉得这是麻烦吗？"

吉娅想了想，然后说："这当然不是什么令我高兴的事，但也算不上是麻烦，因为我有足够的钱。"

"没错。"金先生表示赞同，"我们和他人的关系也像银行账户一样。"听到这里，吉娅不禁笑了。金先生可真是位理财专家，总是爱拿钱来打比方。

金先生仿佛猜出了吉娅的心思，他微笑着说："学过理财的人总想把这种知识套用到生活中的其他领域。我们也可以把人际关系视作一种银行账户，而维持一段良好关系的成功秘诀就是向账户里'存钱'，因为没有人可以长期不

'取钱'。"

"您说的'存钱'和'取钱'指的是什么？"吉娅不解地问。

金先生立即跟她解释说："当我们伤害别人的时候，就相当于在'取钱'。我们账户里的'存款'会因此而减少，我们在别人心里的印象也就没那么好了。这时，如果你的账户里有很多'存款'，那么你与对方的这段关系就更容易承受这样的'取钱'；但如果我们很长时间都没有往里面'存钱'，结果账户'空了'，那么每次'取钱'就都会成为麻烦了。"

吉娅领悟到了金先生所说的"存钱"是指什么。她猜道："那么所谓'存钱'，就是我们要友好地对待别人喽？"

"完全正确！"金先生脸上绽放出光彩，"我们举个例子吧。安妮和你，你们俩已经成了好朋友。如果她先前和你约好了一件事，临到头来却忘记了，你会怎么想？"

"我知道安妮不是故意的。她经常帮助我，帮了我太多太多忙。"吉娅思索后说道。

"这就是我说的人际关系账户里有很多'存款'。"金先生马上说道，"你知道安妮是真心喜欢你的，因为她对你一向都如此。反过来也是一样，你也帮了安妮很多忙。这就意味你们的人际关系账户里有很多'钱'，所以小小的不愉快能很快被原谅。"

"不过，我们不是应该避免去伤害别人，避免去'取钱'吗？"吉娅继续问。

金先生回答说："你当然不想故意去伤害别人，但遗憾的是，很多时候对别人的伤害都是无意的，是我们无法完全避免的，所以'存钱'就显得非常重要了。"

吉娅这回明白了。初识胡博特的时候，他们俩的关系账户里还没有"存款"。所以，单单斜眼一瞥就足以构成一笔小小的支出了，如此一来，这个关系账户就已经"负债"了。吉娅突然有了个点子。她蹦到金先生身边，搂住他的脖子，在他脸上使劲亲了一口。

"该'存钱'了！"吉娅大笑着嚷道，"您是我的好朋友，太谢谢了。"金先生不好意思地清了清嗓子，但看得出来他很高兴。

吉娅觉得，关系账户真是个绝妙的想法。

这天晚上，孩子们又在一起聊了很久。过了一会儿，珊迪和安妮也来了。莫妮卡利用这个机会，又把拯救彼得的故事从头到尾讲了一遍。当他们终于上床睡觉的时候，都感觉筋疲力尽了。

第二天早上，孩子们得知，金先生、校长和他们的父母已经商定，让他们今天就乘飞机回家。昨天晚上，金先生和校长与马塞尔、吉娅和莫妮卡的父母通了电话，大家达成了一致意见：既然现在知晓有个犯罪团伙盯上了彼得，学校已经变得不再安全，彼得应该和他们一道离开。金先生还和马塞尔的父母专门谈过。他们同意收留彼得。马塞尔和彼得都高兴极了，他们俩这段日子已经结下了深厚的友谊。

回家让吉娅有多高兴，和里约·雷德伍德学校的人们道别就让她有多惆怅，尤其是要惜别珊迪、安妮和好老师，因为他们都成了吉娅的知心好友。吉娅伤心地对好老师说："我不知道自己是不是真的会享受回去的旅程，因为认识了像您、安妮和珊迪这样的朋友，离别真的太难过了。谁知道我还能不能再次见到您和那两位女孩啊……"

好老师像往常一样，微笑着表示理解。然后，他对吉娅说："我也会想念你和你的朋友们的，甚至会非常非常想念。如果你们没有来到这里，我就永远不可能认识你们，我的生命也不会这么丰富多彩。现在，跟你们相处的点滴也驻留在我心里，给了我永远难忘的回忆。"

吉娅努力地挤出一个微笑，说道："但我还是会难过……"

好老师回答道："这取决于你把注意力放在哪里。如果你只想着自己要失去的东西，那就肯定会难过。如果你想着我们一起经历过那么多美好，喜悦和感恩之情就会占上风。"

欢送会自然是在好老师家里举办的。聚会结束了，离别的时刻终于到来了。走进机场时，吉娅一次次转过身和大家挥手道别。她暗暗许下诺言：总有一天会回来的……

一行人登上金先生的飞机，踏上了回家的漫长旅途。

飞行全程平安无事。他们抵达的时候，家长们已经早早在机场候着了。现场居然还有一个欢迎仪式！彼得一路上非常忐忑，因为他就要见到马塞尔的父母了。等到一见面，马塞尔的父母立即把他抱进怀里，这让彼得瞬间有了家的归属感。

第二天，吉娅做的头一件事就是跑去森林边上，去看那座好久都无人居住的老房子。她盼着能在那里见到睿智的老婆婆。果不其然，这位老婆婆正沐浴着阳光，坐在屋前的旧长椅上。她们亲切地打了招呼。

吉娅有好多好多的话要说。她说起了自己的冒险经历，以及安妮逐渐康复的消息，老婆婆听着格外欣慰。但吉娅觉得，这位老婆婆其实早就什么都知道了，毕竟她曾在加利福尼亚突然出现过。不过，她仍然听得饶有兴致，吉娅感觉受到了鼓励，就继续讲了下去。

然后，吉娅说起了那七条准则。她自豪地向老婆婆展示了那七张卡片。老婆婆认真地读过卡片上的内容，赞许地点点头说："你们做得棒极了。这七条准则可是一座宝库啊，而且好老师讲得也很好。"接着，她意味深长地看着吉娅，问道："那么这些卡片上的道理，你想用多长时间来学习？"

吉娅回答："我会一直学习下去，直到我真正掌握它们。也许我永远也做不到这一点。至少好老师是这么说的，我觉得他说得有道理。我打算花很长时间，坚持每天学习一张卡片。"

老婆婆欣慰地点点头，这正是她所期待的回答。她提出一个建议："要是你愿意的话，我们可以天天见面，每天讨论其中的一条准则。这样你可以更好地理解它们，让它们变成你生命的一部分。你觉得怎么样？"

吉娅当然很赞同。于是，她每天下午都会到森林边的老房子里，与老婆婆讨论甜甜圈圆孔的话题。一天又一天，那七条准则在她心里更加明了起来：

1. 友好亲和

2. 承担责任

3. 鼓励他人

4. 帮助给予

5. 常怀感恩

6. 勤学不辍

7. 值得信赖

　　她们在谈话的时候，总是会想一想吉娅在当天可以采取哪些具体的行动，比如，星期五的主题是"常怀感恩"。老婆婆与吉娅想出了一个游戏。她们轮流说出自己要为之感恩的事，比如有热巧克力喝、能够看见、能够奔跑、钱钱、好天气、爸爸妈妈……就这样一来一回，说上好几分钟。

　　接着她们又开始思考，吉娅可以给谁写一封感谢信。吉娅首先想到了好老师。她写了一封长长的信，写得格外用心，然后把信寄往了加利福尼亚。

　　特伦夫太太也收到了吉娅的感谢信。她读到这封信时，心里十分开心。

　　吉娅还把所有的新想法都记在了这些卡片上。

　　有一次和老婆婆见面的时候，吉娅想起了那个放大镜，就问道："如果有那么一天，放大镜不再起作用了，我该怎么办才好？它真是帮了我的大忙！"

老婆婆回答道："你其实根本就不再需要放大镜了。你已经学到了很多很多。当你遇到困难的时候，先去想一想你的榜样，然后问自己：'换作是他的话，他又会怎么做？'这时你就会知道，你其实已经心里有底了。实际上，这和你用放大镜看照片是一个道理。"

吉娅想了一会儿这些话里的意思，然后说："这样说来，对于您、金先生和好老师会给出什么建议，我确实能猜得出——特别是您的建议，因为我对您已经非常了解了。但遇到坏人该怎么办呢？比如说，我根本就不认识那个黑胡子男人，那种时候还是得依靠放大镜啊。"

老婆婆沉思着点点头，答道："有一种东西叫作直觉，我们可以把它理解为一种确切的感觉，即我们觉得自己该做什么，认为什么东西不太对劲。这种感觉，或者说这种内心的声音，其实是每个人都拥有的，只是大多数人不想听罢了。"

吉娅不由得回想到，她在飞机上第一次见到那个黑胡子男人时，心里就陡然生出了恐惧。那一定就是直觉。吉娅把这个想法告诉了老婆婆。老婆婆肯定了她的想法："我指的就是这个。你必须学会倾听内心的声音，听从你的直觉，这样能更容易地分辨出危险和机遇。在某些特殊情况下，你可以想一想那些能给你建议的人。把注意力集中在这些榜样身上，你就自然而然地知道该怎么做了。"

"那么我现在不再需要那个放大镜了？"吉娅问道，她还是有点怀疑。不等老婆婆回答，她就从自己的包里摸出那个放大镜，把它举到她钱包里的一张照片上。结果……什么也没发生！她又试了好一会儿，可还是无事发生！吉娅失落地放下放大镜，疑惑地望着老婆婆。老婆婆说："我们在面对一些超乎寻常的任务时，才会得到一些非比寻常的帮助，但这些'礼物'只在我们真正需要时才出现。"

吉娅有些难过，她叹了口气说："这就像是旅途中结识的朋友，我们相识、道别，然后遇到下一个，再相识、道别……这些帮助也是这样。先是钱钱可以开口说话了，然后它又突然再也不说了。这个放大镜一开始能让照片'说话'，但现在呢？它好像变得再普通不过了。"

"你应该为曾经拥有它而高兴，别老想着那些已经失去的东西。"老婆婆回答，"一艘船把我们摆渡到对岸以后，我们也就不再需要它了。"

吉娅反驳道："可万一我们又想坐船回去了呢，回到我们来的那一边？"

老婆婆意味深长地说："人生不会如此，它永远向前。你虽然可以暂时休息一下，可以默默积蓄力量，但是永远不可能回头。"

"有时候，我真希望自己能变小几岁，那样的话什么都会变得简单点儿。"吉娅喃喃地说。

老婆婆点点头，表示理解："我想，每个人都会时不时冒出这样的念头。我们成年人也是一样。但人生是一场旅行，它永远向前。我们大多数人先是向外，努力去打造甜甜圈外面的圈：上学，找工作，租房子或买房子，购置小轿车，存钱或投资……到了人生的某个节点，有些人的旅程开始向内，他们开始锤炼自己的内在，关注自己的品格，这就是甜甜圈的孔。不过，人生总是一直向前，总是通往新的彼岸和历险。在这个过程当中，明智的人会兼顾物质和品格这两个方面。"

吉娅不确定自己是否真的领悟了这些话。老婆婆安慰吉娅说："你不必现在就懂，以后你自然就会理解的。"

此时此刻，吉娅也没法再多问些什么了。

第十四章
告别

　　明天是老婆婆的生日，吉娅苦思冥想了许久，该怎样才能为她制造一个惊喜。终于，她想出了一个好点子。在一家小商店里，吉娅找到了一块特别漂亮的白色水晶。它的外形独一无二，几乎是标准的椭圆形，但也十分昂贵。好在吉娅可以帮助店主照看爱犬作为抵偿。

　　吉娅把这块白色水晶放进一个红色的纸盒里，还在上面系了个漂亮的蝴蝶结，然后拿着它飞快地跑到了老婆婆住的老房子。老婆婆对这一切毫无所知。吉娅送上了礼物，并为她唱起了《生日歌》。沙尼雅·怀斯女士小心地把纸盒放在膝盖上，听吉娅把歌唱完，她的眼睛湿润了。

　　"你不知道我有多久没听到别人为我唱起这首歌了，"

她轻声说，"而且，我也已经好多好多年没收到过礼物了。"

"您盒子还没打开呢。"吉娅着急地催促。

老婆婆慢慢地解开蝴蝶结，又过了仿佛有一个世纪那么久，她终于打开了纸盒。当看到那颗水晶时，老婆婆一下子睁大了眼睛，小心翼翼地把它捧在手心里。她再也无法止住眼泪，小声地感叹道："太美了，实在太美了。我还从没见过这么华丽的水晶。这是我所拥有的最美的一块白色石头。"接着，她紧紧地把吉娅搂在怀里。吉娅再一次感受到，给他人带来真正的快乐是多么美妙啊。

墙角有个很漂亮的旧玻璃柜，老婆婆极为郑重地将水晶放了进去。过了好一会儿，她的心情才重新平静下来，脸上焕发出比刚才更加幸福的光彩。她对吉娅说："我还有最后一件重要的事想和你谈谈……"

"我们还可以一起谈论许多许多事呢。"吉娅不假思索地打断了她。

老婆婆并没有理会吉娅的插话，继续说道："你知道什么是自己最宝贵的东西吗？"

吉娅不解地看着她。"是钱钱吗？"她猜道。

"没错，钱钱的确很宝贵。"老婆婆笑着回答道，"不过，我现在指的是其他东西。我要说的是你的朋友们。他们都心地善良、热爱学习，并且力求上进。"

"是的，难道不是所有的孩子都热爱学习吗？"吉娅诧异地问。

"学习本身并不代表一切！"老婆婆掷地有声地回答，"关键在于我们为什么要学习。很显然，你学习的目的是为了成为一个更好的人。而在这个过程当中，你也发展和掌握了一项宝贵的才能，那就是努力帮助他人展现出他们自己最好的那一面。"

吉娅很谦虚地否认了这一点，但老婆婆不为所动，她说："你对朋友们发挥了积极的带动作用，而且你还会主动接近那些能对你施加良好影响的人。这正是成功与幸福生活的秘诀，是通往白色石头的必经之路。"

"是呀，白色石头，"吉娅也想起来了，"我还想多了解它一些。"

"现在还不到时候。不久以后，你就要出发寻找属于你的白色石头了。但在这段时间里，请不要忘记按照那七条准则去行动，继续与好人交往。"老婆婆回答说。

吉娅明白了，每当老婆婆用这种声音说话时，就意味着她不打算再透露什么了。吉娅是多么想再多了解一点白色石头啊……突然，她感觉自己很快就要开始一场全新的历险了，并且白色石头将会在其中扮演重要的角色。

吉娅很快就与老婆婆道别了，她事先约好了与朋友们见面。现在，彼得已经很好地适应了在马塞尔家的生活。那个想绑架他的犯罪团伙目前还没什么线索，而那个脸上有伤疤的男人正待在监狱里。当然，莫妮卡又迅速把这次冒险故事说了出去。

吉娅突然做出了一个决定，她打算把老婆婆介绍给朋友们了。大家先是相互问好，然后你一言我一语地闲聊了一阵儿，她就顺口提议说："有个人我想你们也应该认识一下。还记得森林边上那座废弃许久的老房子吗？"

这难不倒马塞尔和莫妮卡，他们当然知道吉娅指的是哪座房子，只有彼得一头雾水。

"其实那所老房子并没有被废弃，"吉娅有些神神秘秘的，"那里住着一位睿智的老婆婆。我想带你们去见见她。你们来不来？"

大家都同意了。于是，四个人跟着钱钱一起走向森林边上的老房子，很快就到了那里。但这一次，老婆婆并没有坐在老旧的长椅上。

吉娅飞快地跑进屋里，其他人也跟着走了进去。吉娅一进到里面，就觉得似乎不太对劲儿，房子里的一切都不一样了。但到底有什么不一样，吉娅一下子也说不准。而且，她也没找到沙尼雅·怀斯女士，那位睿智的老婆婆。吉娅呼喊着老婆婆的名字，却没人应答。吉娅不由得提高了音量，但还是没有回应。

"老婆婆可能是去散步了。"吉娅失望地说。

马塞尔仔细打量了四周，说道："我觉得这里很长时间都没人住过了，到处都是污垢和尘土。这所房子应该被废弃好久了，这我早就知道。"

"别胡说！"吉娅反驳道，"这里住着一位睿智的老婆婆。一小时前我还和她坐在这儿聊天呢。"

"真的吗？那你究竟是坐在哪儿？"马塞尔质问道。

"就在这个沙发上。"吉娅指了指一件满是灰尘的老式家具。马塞尔稍微用脚尖碰了碰，沙发就开始"摇头晃脑"起来。马塞尔嘲讽地看着吉娅说："要我说，你就是在胡扯。这东西肯定有很多年都没人坐过了。"

"我没胡扯，我刚刚确实坐在那儿了！"吉娅倔强地大声喊道，声音大得连她自己都吓了一跳。她一心想要证明自己，一屁股坐到了那个落满灰尘的沙发上。沙发先是发出了一阵刺耳的嘎吱声，然后咔嚓一下就在她身下散了架。看着吉娅狼狈又费力地站起身，其他人都禁不住大笑起来。

吉娅一边掸去衣服上的灰尘，一边绝望地自言自语道："我真的没有精神错乱，今天早上这里明明还有人住，不可能这么快就被弄脏了啊……"

彼得颇为内行地解释道："这就是所谓的时差紊乱妄想症。别担心，它很快就会过去的。你只是有点儿累了。"

"什么妄想症?"吉娅没听明白。

"他的意思是说你在说胡话。"还是马塞尔比较直言不讳。

"你胡说!"吉娅怒气冲冲地说，"我们回到家好几天了。再说，我一点儿也不累。我再跟你们说一遍，这里住着一位睿智的老婆婆，她名叫沙尼雅·怀斯。"

"知道啦，"马塞尔耸了耸肩，有些担忧地望着吉娅说，"不要激动，真相终究会水落石出的。"

"别用这种眼神看着我，好像我真的神志不清了一样。"吉娅不满地说。

"也许你应该跟金先生谈一谈。"莫妮卡提议道。

"无论如何，这里肯定没人住过!这一点压根儿用不着怀疑!"马塞尔又一次斩钉截铁地说。彼得也认为他说得有道理。这时，吉娅仔细地环顾四周，的确，没有任何迹象表明有人最近在这里住过。这一切真的太疯狂了。

突然间，吉娅想到了一个新主意。她说："离这里几百米以外住着一位守林人。也许他能证明老婆婆确实住在这儿。他肯定知道的！"吉娅急忙跑向守林人的小屋，其他人紧随其后。幸运的是，守林人这时正好在家。吉娅上气不接下气地问他："您看到怀斯女士了吗？"

守林人反问道："看到谁？"

"啊，就是那位老婆婆啊，她就住在森林边上被废弃的老房子里。"吉娅连忙解释。

守林人回答道："我的小姐，那里根本就没人住，而且是很多很多年都没人住了。我也不认识什么怀斯女士，请别再拿这些无聊的事烦我了。"

朋友们意味深长地看了看彼此。吉娅无比失望地说："这不可能啊。今天早上我还和她说过话呢！"

守林人有点儿不耐烦了，他嘟哝着说："别太过分了，我看你还是去耍弄其他人吧。"

吉娅泄气地离开了守林人那里，慢腾腾地回到那座老房子前。她对朋友们说："我知道你们都不相信我，但是请再帮我个忙，我们再一起仔细检查一下这座房子吧，没准儿还能找到点儿什么。"

其他人同意了吉娅的请求。马塞尔说："好吧，我们再进去瞧一瞧。不过有一个前提条件：看完它之后，你得去找金先生谈一谈。明白吗？"

吉娅答应了他。随后，他们再一次踏入了那座被废弃的房子。这一次，连吉娅也慢慢发觉，这座房子的确不可能有人居住，而且已经空置了很多年了。不过，这一切不可能只是她的幻觉啊……

"你们快来看！"莫妮卡的声音响起，打断了吉娅的思绪。"这里全是白色的石头。它们一定是以前住在这里的人收集的。"

听她这么一说，其他人也注意到了，这里到处都散落着白色的石头。吉娅可一点儿也不意外，但这一次她决定，还是什么也不说的好。彼得捡起了一块搁在窗台上的石头。他若有所思地观察着它，然后突然叫道："这可真有趣。这块石头上一点儿灰也没有。"马塞尔听了很是好奇，他也伸手拿了一块，发现这块石头同样一尘不染，光洁发亮。他惊讶地自言自语道："这可真是怪了，简直可以称得上是个小小的奇迹。屋里到处都是脏兮兮的，只有这些石头一尘不染。这到底该怎么解释呢？"

吉娅忍不住偷笑起来。也许奇迹又一次在这里发生了。她突然确信，自己并没有疯。吉娅走到墙角的旧玻璃柜那儿，也就是老婆婆存放生日礼物的地方。但她并没有发现那颗白色水晶，取而代之的是一封信。吉娅连忙拿起信，偷偷地把它塞进自己的裤子口袋里。

她一瞬间就做出了决定，要对其他人隐藏这个秘密。也许带朋友们来这里就是一个错误……

马塞尔说："我们赶快离开吧，这座房子有点儿不太对劲儿。"莫妮卡立刻举双手赞同，大家都感到有点儿毛骨悚然。吉娅也觉得自己该离开了，倒不是因为害怕这里闹鬼，而是因为她清楚地知道，在这里再也找不到别的东西了。

当他们四个挥手道别时，马塞尔再次提醒吉娅说："记住我们的约定，别忘了跟金先生谈谈这座被废弃的房子啊。"

吉娅点点头。她非常高兴，因为现在终于可以一个人清静一会儿了。她迫不及待地想要看看那封信！吉娅飞快地跑回自己的房间，撕开了信封。一封简短的信很快在她手上展开，信是用一种相当古老的字体写成的：

亲爱的吉娅：

和你在一起的时光带给我许多快乐。

不过，现在我的任务已经完成了，而你也已经不再需要我的帮助了，所以我就动身去了另一个地方。你要时常记着那个甜甜圈的比方，要通过好好打理财务，继续打造自己外在的那个"圈"。但你也要注意培养自己的品格，每天都要将注意力集中在这七条准则的其中一条上。这样，你就会成为一个真正完满的人。你也会让身边的人始终感到愉快和舒心。

当你觉得时机已经成熟的时候，就出发寻找属于你的白色石头吧。你必将再次面临许多危险，但这场征程是值得的，并且你会在适当的时候得到帮助。

另外，永远也不要忘记：你并不是独自一人。

给你热情的拥抱！

沙尼雅·怀斯

又及：你的礼物我已经带走了。我每天都会看一看它，因为它实在是太美了。再一次衷心向你道谢。

吉娅拿着信的手落在了床上。她静静地坐了很久，心里一直在想着那位睿智的老婆婆。她明白，自己可能再也见不到沙尼雅·怀斯女士了，一股巨大的悲伤包围了她。

但她又想起好老师曾经说过类似的话："与其为那些失去的东西痛苦悲伤，不如为你曾经拥有它的时光而欢欣鼓舞。"

吉娅不确定自己是否领会了这句话。不过，她越是多想一想和老婆婆一起度过的美好时光，她的悲伤就消散得越快。

过了好一会儿，吉娅决定履行与马塞尔的约定，和钱钱一起去拜访金先生。像往常一样，金先生立刻起身接待了她。他非常欢迎吉娅和钱钱的到来。吉娅说："我在森林边上遇见了一位老婆婆，但她现在已经离开了……"说到这里吉娅心里一惊，赶紧住了口，因为她还完全没有想好怎么跟金先生解释这件事，他肯定会觉得自己在胡思乱想。

不过，金先生始终微笑着，鼓励吉娅继续说下去。他问："那位老婆婆的名字叫什么？"

"沙尼雅·怀斯。"吉娅回答说。金先生吹了一声口哨，然后放松地靠在了沙发背上。不知怎的，当他注视着窗外的时候，他的脸突然显得年轻了许多。金先生看起来像是陷入了久远的回忆，最后他终于说话了："沙尼雅。你是说那位心地善良的老沙尼雅？她还好吗？看起来怎么样？"

吉娅立刻感到松了一口气。她至少有一点可以确定：要是自己疯了的话，那么金先生也是一样。吉娅回答说："她看起来很棒，碧蓝的眼睛闪闪发光，脸上总是挂着幸福的微笑。我很确定她过得很好。但现在她已经走了，我也不知道她去了哪里。"

金先生回答说："我已经认识怀斯女士很多年了。她是个了不起的女人，曾经给了我莫大的帮助。我想，要不是因为她，我会成为一个唯利是图的人，一味地去追逐金钱。是她让我看到，还有许多用金钱也买不到的东西，它们有着无比重要的意义。"

"比如说，那七条准则吗？"女孩问。

"对，就是那七条准则。"金先生确认道。他看起来有些悲伤地说："她每次在完成任务后就会离开。"

"我很想念她，但朋友们都以为我疯了！"吉娅解释说。金先生笑了起来，吉娅立刻感到如释重负。每当金先生一笑，她就会感觉瞬间放松下来。

金先生说："你并没有疯，你只是有点特别罢了。命运赋予了你特殊的使命。"

"但我真的很想念她。"吉娅又一次重复了刚才的话。

"我也想念了她一段时间。"金先生说，"但很快我就明白了，现在有其他人比我更需要她的帮助。即便她离开了，她的一部分却已经融入了你的生命。"

吉娅觉得金先生说得有道理：老婆婆送给自己的这份

"礼物"，谁也不能从她身上拿走……

分别时，金先生又说道："当你努力成为自己有能力成为的那种人时，永远也不要忘记：你从来都不是独自一人。"

谈话结束了，吉娅慢慢地走回了家。她知道自己也会把这次奇遇记录下来。她还有许多事情要做呢。尽管如此，她依然很想念那位睿智的老婆婆。她觉得有点儿孤单。

"嘿，我还在呢。"突然，吉娅听到了一个熟悉的声音。她惊恐地四下张望，周围一个人都没有，只有钱钱在一旁慢腾腾地走着。从惊恐中回过神儿后，吉娅明白了，刚刚对自己说话的正是钱钱。吉娅高兴地抱住了这只白色的拉布拉多犬，钱钱也深情地舔着她的脸颊。

吉娅大喊道："我还以为你永远不会和我说话了呢！"

"永远不要说'永远不'。"吉娅再次听到了钱钱的声音。此时此刻，吉娅突然无比确信：她真的从来都不是独自一人，总是会有理解她、帮助她的朋友。

吉娅暗暗想着：真希望许多孩子都能拥有我这样的经历……

七条准则

1. 友好亲和

2. 承担责任

3. 鼓励他人

4. 帮助给予

5. 常怀感恩

6. 勤学不辍

7. 值得信赖

友好亲和

- 我衷心希望，别人和我过得一样好。

- 我不愿伤害任何人。我会克制自己，不介入任何争端。

- 我谦虚有礼，尊重他人。我不必永远占理。

承担责任

- 遇事我能自己做出决定，能自己判断在什么情况下该做出何种反应。

- 我不会陷入"公平陷阱"，而是专注于我能做成什么、知道什么和拥有什么。

- 当我把责任推卸给别人时，也把权利交给了对方。

221

鼓励他人

- 我只说别人的好话。如果没有好话可说，就什么都不说。

- 我尽量不批评别人。如果非批评不可，也要礼貌而友善。

- 总是关注别人的优点和好的一面。

帮助给予

- 我希望遇到的每个人都能一切顺利。

- 我送给别人礼物,只是为了表达我对他的喜爱。

- 最美好的事情莫过于帮助他人。我总是在想能够帮助谁,没有比这更让我感到幸福的了。

常怀感恩

- 常怀感恩之心，哪怕是对那些寻常小事。

- 遇到困难时，想一想值得感恩的事。

- 对身边的人怀有感恩之心，有意识地享受和他们在一起的时光。

勤学不辍

- 骄傲自满会让我们停止学习，因此要时时保持谦虚。

- 我要读好书，坚持写成功日记和心得笔记，还要尽可能多地向他人学习。

- 不与他人比较，尽自己所能做到最好。

值得信赖

- 习惯决定成败。

- 当我自律时，相较于那些更有天赋却懒惰的人，我能获得更多的成功。

- 守时，信守自己对他人的承诺。

我的心得：

_____

_____

_____

_____

_____

_____

_____

_____

_____

_____

_____

_____

_____

我的心得：

我的心得：

我的心得：

我的心得：

我的心得：

我的心得：

我的心得：